W0406472

Haflings blonde Pferde

Stuten- und Fohlenherde des Haflingergestüts Meura/Thüringen. Foto: Denise Senkhorst-Wulf

Dieses Buch ist der "IG Orba" gewidmet, einer fröhlichen Gruppe von „charakterfesten" Haflinger-Persönlichkeiten aus Deutschland und den Nachbarländern, die jedes Jahr im Herbst einen gemeinsammen Aufenthalt im Dorf Orba an der Costa Blanca in Spanien auf dem dortigen Hof von Wolfgang Kreikenbohm verbringen, natürlich auch dort umgeben von herrlichen Haflingern. Als Symbol dafür, daß man über Haflinger echte Freundschaften schließen kann und als Dankeschön für Eure Kameradschaft.

Susanne, M.R.

Haflings blonde Pferde

Ein Rasseporträt des Haflingers

von

Susanne Feddersen

CADMOS
PFERDEBÜCHER

Cadmos Verlag, Lüneburg
Copyright ©1999 by Cadmos Verlag
Gestaltung: Ravenstein Brain Pool
Coverfoto: Denise Senkhorst-Wulf
Druck: Proost, Turnhout
Abdrucke oder Speicherung in elektronische
Medien nur nach vorheriger schriftlicher
Erlaubnis durch den Verlag.
Alle Rechte vorbehalten.
Printed in Belgium

ISBN 3-86127-331-4

Inhalt

Die blondmähnigen Füchse aus den Bergen Tirols

Foto: Denise Senkhorst-Wulf

Ein Besuch an der Wiege der Haflinger Pferde

Wir befinden uns am Fuße der Sarntaler Alpen in Südtirol. Ein verschlungener Weg führt in unendlich vielen Serpentinen bergauf. Zur einen Seite die hohen Tannen, zur anderen der Blick ins Tal, in der Ferne, undeutlich, die Häuser von Meran. Immer weiter hinauf führt uns der Weg, in den Ohren macht sich schon der Höhenunterschied bemerkbar.

Und dann, plötzlich, am Ende eines Tunnels, wird auf einer Lichtung ein kleiner Kirchturm sichtbar. Dahinter, noch etwas weiter oben, ein Gasthof und weitere Häuser, weiß, mit rustikalen Schnitzereien. Und an den Balkonen die bunten Blumenkästen, wie sie so typisch sind für diese Region. Das ist es - die Wiege der Haflinger: das Dorf Hafling!

Hier auf dem sonnenüberfluteten Hochplateau bei der St. Kathrein-Kirche, dem Wahrzeichen Haflings, finden noch immer Haflingerschauen statt. Im 600-Seelen-Dorf selbst steht eine Statue des Urvaters aller Haflinger: Folie 249, geboren im Jahre 1874.

Ein kleines Dorf wird Namensgeber

Der wirkliche Ursprung der Haflinger läßt sich wie bei den meisten Rassen nur vermuten, doch finden sich schon in Aufzeichnungen des späten Mittelalters Hinweise auf die Existenz einer „kleinen Gebirgspferderasse südlich der Alpen". Vom Jahr 1874 an ist die Geschichte der Haflinger jedoch in einzigartiger Weise dokumentiert.

In jenem Jahr wurde in der Nähe des Dorfes Hafling am Fuße der Sarntaler Alpen der Hengst „Folie 249" geboren, der als Stammvater der Haflinger gilt.

Noriker und Vollblutpferde standen Pate

Nördlich der Alpen herrschten damals Kaltblutpferde vor, südlich des Alpenhauptkammes dagegen ein leichter Pferdeschlag, der den orientalischen Pferden nahe war. Aus einer Kreuzung dieser Typen, nämlich einer veredelten Landstute und dem Halbblutaraber El Bedavi XXII, ging auf dem heutigen italienischen Staatsgebiet im Jahre 1874 der Hengst Folie hervor, der die Eigenschaften beider Elterntiere in idealer Weise in sich vereinte: vom arabischen Vater hatte er Leichtfuttrigkeit, Nerv und Adel ererbt, das Blut der Mutter drückte sich in Kaliber und Bemuskelung aus. Mit seiner langen, schrägen Schulter, einer straffen Oberlinie mit gerader Kruppe, kräfti-

Haflingerschau an der St. Kathrein-Kirche zu Hafling. Foto: Arens

Haflinger Pferde in Tirol. Foto: Bohnacker

„Niemand konnte 1874, im „Entstehungsjahr" der Haflingerrasse, ahnen, daß das Haflinger Pferd eines Tages wegen seiner Schönheit, Gutmütigkeit und Zuverlässigkeit so beliebt werden würde. Heute hat es mittlerweile weltweit die Herzen vieler junger und alter Pferdefreunde erobert."

•

Luis Reiterer, Hafling, Ehrenpräsident des Südtiroler Pferdezuchtverbandes

gen, markanten Gelenken, einer starken Bemuskelung und raumgreifenden Gängen verkörperte Folie 249 den idealen Tragpferdetyp. Und gerade dieser Typ wurde gebraucht, da viele Orte im Gebirge überhaupt nur mit trittsicheren, wendigen Pferden zu erreichen waren.

Das galt auch für den Ort „Hafling", dem die blonden Füchse ihren Namen zu verdanken haben. Der Überlieferung nach wurde nämlich der Kaiser der k.u.k. österreichisch-ungarischen Monarchie, Franz Josef, der sich anläßlich eines Manövers in Südtirol aufhielt, eines Tages von einem Fuchs mit heller Mähne nach Hafling getragen, woraufhin diese Rasse als „Haflinger" bezeichnet wurde.

Die planmässige Zucht

Etwa zur Zeit der Geburt Folies wurde die Bedeutung der kleinen Gebirgspferde für die Bergbauern erkannt und es wurden Maßnahmen ergriffen, um das planlose Belegen zu unterbinden, das mehr mit Vermehren als mit Zucht zu tun hatte. Ab 1874 wurden beispielsweise alle Hengste registriert, so daß auch heute noch jeder reingezogene, das heißt ohne Einkreuzung anderer Rassen gezogene Haflinger Deckhengst auf den Stammvater Folie 249 zurückgeführt werden kann. Die Nachkommen dieses Hengstes werden heute in sieben Blutlinien eingeteilt, deren Zugehörigkeit sich in einheitlichen Anfangsbuchstaben im Namen widerspiegelt: A-, B-, M-, N-, S-, St- und W- Linie.

Bis in die heutige Zeit erhalten Haflinger Hengste die gleichen Anfangsbuchstaben im Namen wie ihre Väter, so daß die Linien auch heute noch nachvollziehbar sind.

Vereinzelt findet man Haflinger Hengste, deren Namen mit anderen Buchstaben wie H, D, C oder G beginnen. Zumeist ist dies auf die Einkreuzung von arabischen Hengsten zurückzuführen oder darauf, daß wissentlich von der Regel abgewichen wurde, um eine vermeintlich neue Linie zu gründen. Hengste mit dem Anfangsbuchstaben H gehören der N-Linie an.

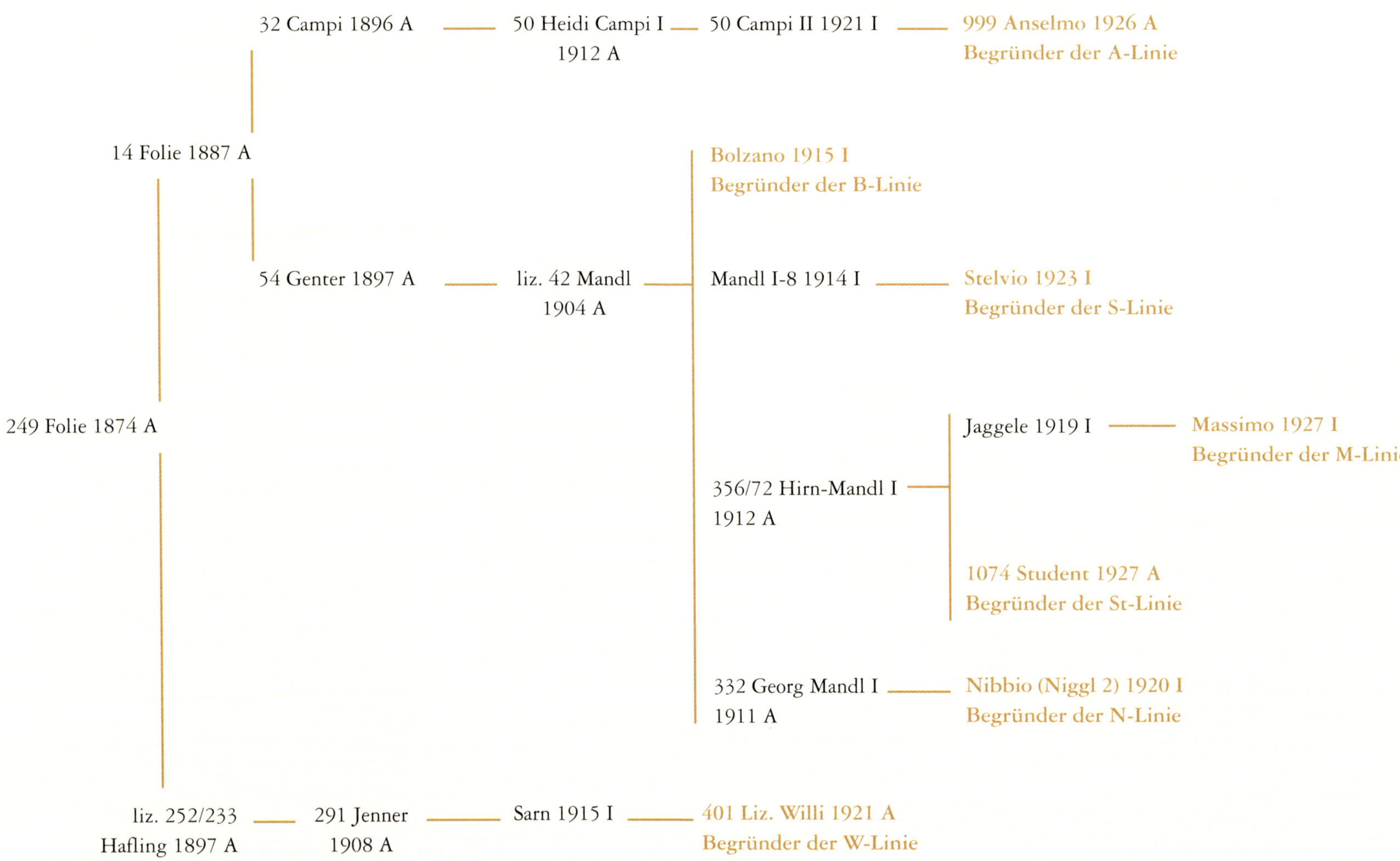

Als weitere Maßnahme zur Unterstützung der planmäßigen Zucht entstand schon 1904 in Südtirol die „Haflinger Pferdezuchtgenossenschaft" - die erste Haflinger Züchtervereinigung, der noch viele folgen sollten.

Der Fohlenhof in Ebbs

Etwa in den 20er Jahren verlagerte sich der Schwerpunkt der Haflingerzucht mehr und mehr nach Nordtirol, weil Südtirol politisch Italien zugewiesen wurde. In Nordtirol wurden schon früh sehr strenge Maßstäbe an die Zuchttauglichkeit der Elterntiere gelegt: 1926 wurde das erste Zuchtbuch für Stuten gegründet. Die Privathengsthaltung wurde untersagt.

Eigens als Hengstaufzuchtstation wurde 1947 in Ebbs nahe Kufstein der „Fohlenhof" gegründet. Aus allen etwa 800 Hengstfohlen eines Jahrgangs werden auch heute noch nur die 20 bis 30 besten ausgewählt und zur Aufzucht in freier Wildbahn auf der Alm zugelassen. Für die übrigen Hengstfohlen werden keine Papiere ausgestellt, so daß sie in der Zucht keine Verwendung finden können.

Auf der Alm lernen die zukünftigen Deckhengste, sich an härteste Witterungsverhältnisse anzupassen, und wachsen artgerecht im natürlichen Herdenverband auf. Die ein- und zweijährigen Junghengste erproben hier in Rangkämpfen spielerisch ihre Kraft und bieten ein einzigartiges Bild, das jedem Pferdeliebhaber das Herz höher schlagen läßt, denn wo auf dieser Welt sieht man heutzutage schon noch Herden von bis zu 50 jungen Hengsten, die in ihrer natürlichen Umgebung frei und ohne menschliche „Verhätschelung" aufwachsen!

Und das Schönste: die Niederalm, auf der sich die Hengste im Frühjahr und Herbst aufhalten, ist frei zugänglich. Wer gut zu Fuß und bei guter Kondition ist, wird dieses Haflinger-Paradies mit der herrlichen Kulisse und der unendlichen Ruhe gewiß zu schätzen wissen. Bei gutem Wetter sind die Almen am Spitzsteinhaus zeitweilig sogar mit dem Auto zu erreichen.

Die Stars von morgen erproben in Rangkämpfen spielerisch ihre Kraft: Junghengste in freier Wildbahn auf der Alm in Ebbs/Tirol.
Foto: Susanne Feddersen

Aber Ebbs hat noch mehr Besonderheiten zu bieten: Regelmäßig im September findet die weltweit größte Stutfohlenauktion statt, zu der Haflingerfans aus aller Herren Länder in das Mekka der Haflingerzucht pilgern, um dort aus über 200 Fohlen ihr Pferd auszuwählen und mit nach Hause zu nehmen. Außerdem ist der Fohlenhof Ebbs Austragungsort der alle fünf Jahre stattfindenden Haflinger-Weltausstellung.

Das Zuchtziel ändert sich mehrmals, doch das Wesentliche bleibt

Einen Höhepunkt erlebte die Haflingerzucht zur Zeit des Zweiten Weltkrieges, als die Deutsche Wehrmacht robuste Tragtiere für unwegsames Gelände benötigte. Allerdings wurde damals auch das Zuchtziel an die Anforderungen des Militärs angepaßt: es wurden kleinere Haflinger bevorzugt.

Durch die Motorisierung der Landwirtschaft nach dem Zweiten Weltkrieg rückte der Reitpferdetyp mehr in den Mittelpunkt des Interesses, so daß eine Umorientierung vom Trag- und Zugtier in Richtung auf ein sportlicheres Freizeitpferd erfolgte. Jetzt wurde wieder eine Vergrößerung des Haflingers auf ein Stockmaß von 140 cm und mehr angestrebt, damit auch Erwachsene den Haflinger als Freizeitpartner nutzen können. Heute findet man mehr und mehr Haflinger mit Stockmaßen über 150 cm, was sicher begrüßenswert ist, wenn man bedenkt, daß auch die durchschnittliche Körpergröße der Reiter ständig zunimmt.

Wie mühelos Haflinger diese Leistungen auch heute noch erbringen, zeigen sie häufig in Schaubildern.
Foto: Haflinger Pferdezuchtverband Tirol

Ursprünglich wurde das Haflinger Pferd als Trag- und Zugtier im Gebirge eingesetzt.
Foto: Haflinger Pferdezuchtverband Tirol

Die „Reitpferdepoints", so heißt es im Fachjargon, sollen nun beim Haflinger verbessert werden. Vom Tragtier im Gebirge wurde in erster Linie Trittsicherheit im Schritt gefordert. Die Gangarten Trab und Galopp spielten im unwegsamen Gelände eine untergeordnete Rolle. Ein Reitpferd jedoch soll in allen Gangarten gut zu sitzen sein. Eine Hinterhand, die weit unter den Schwerpunkt des Pferdes tritt, raumgreifende Bewegungen mit wenig Knieaktion, ein schwingender Rücken im Trabe, ein weicher Aufwärtsgalopp, das sind Eigenschaften, die sich der Reiter wünscht. Außerdem braucht ein Reitpferd einen ausgeprägten Widerist, eine gute Sattellage und genügend Aufrichtung in der Halsung, damit der Sattel hält und der Reiter „etwas vor sich hat". All diese Eigenschaften mußten durch konsequente Zucht beim Gebirgspferd Haflinger verbessert werden.

Bei all den wechselnden Zuchtzielen blieb das, was den Haflinger ausmacht, erhalten: seine Schönheit, die Fuchsfarbe mit den weißen Behängen, der ausgeglichene Charakter, die Genügsamkeit und Trittsicherheit. Diese wertvollen Eigenschaften sollen auch bei der heutigen Orientierung auf ein vielseitig nutzbares Freizeitpferd bewahrt werden.

„Der Haflinger ist ein einmaliges Familienpferd. Er ist vielseitig einsetzbar, wunderschön und hat einen extrem guten Charakter. Mit seinem ausgeglichenen Temperament ist der Haflinger angenehm im Umgang. Außerdem sind Haflinger gut zu Kindern."

Jennifer Rousseau, USA
Managerin der Tudor Oaks Farm, Illinois

Um sicherzugehen, daß die Haflinger auch tatsächlich die angestrebten Reitpferdequalitäten aufweisen, werden die Jungpferde heute in vielen Ländern einer Leistungsprüfung unterzogen.

In Deutschland werden für Hengste schon seit längerer Zeit Stationsprüfungen veranstaltet. In einigen Zuchtverbänden lassen die Züchter nun auch die Stuten ihre Rittigkeit, Umgänglichkeit und Lernwilligkeit in derartigen Leistungsprüfungen unter Beweis stellen, denn auch das schönste Pferd muß doch reit- oder fahrtauglich sein.

Diskussionspunkt Einkreuzung

Um die Reitpferdeeigenschaften schneller in den Haflinger „hineinzuzüchten", wurde und wird in manchen Zuchtgebieten Araberblut eingekreuzt, das die Haflinger leichter, eleganter, bewegungsstärker und rittiger machen soll. Diese Maßnahme birgt so manches Risiko.

Von der Welt-Haflingervereinigung und dem Hochzuchtgebiet Tirol aus wird deshalb der sicherere, wenn auch längere Weg propagiert und unbeirrbar beschritten, die gewünschten Eigenschaften allmählich durch eine strenge Selektion zu erreichen („Reinzucht").

Auf diesem Weg wird das Risiko, die sogenannten Interieureigenschaften, also die „inneren Werte", sowie die Robustheit und die charakteristische Farbe aufs Spiel zu setzen, begrenzt. In vielen Ländern der Welt, die sich den Richtlinien der Welthaflingervereinigung anschließen, werden Zuchtzulassungen heutzutage nur noch für reingezogene Haflinger Pferde ausgestellt.

Ferner ist die Nachfrage nach reingezogenen Haflingern, und damit ihr Marktwert, weitaus höher als nach Haflingern mit Fremdblutanteil.

Der moderne Haflinger ist ein vielseitiges Freizeitpferd für die ganze Familie
Foto: Susanne Feddersen

Foto: Denise Senkhorst-Wulf

Haflinger heute

Das moderne Zuchtziel

Nach heutigen Vorstellungen soll der Haflinger ein Freizeitpferd für die ganze Familie sein mit ausgeglichenem, umgänglichem Wesen. Zwar gibt es kein weltweit einheitlich beschriebenes Haflinger Zuchtziel, aber in den wesentlichen Punkten ist man sich weitgehend einig.

Angestrebt wird ein charakterstarkes, gutmütiges, leistungsbereites und leistungsfähiges, für alle Sparten geeignetes Pferd, das besonders widerstandsfähig und robust ist und sich leicht an die verschiedensten klimatischen Gegebenheiten anpaßt. Es soll elegant und harmonisch im Typ sein mit einem trockenen, ausdrucksvollen Kopf und großen Augen. Zuchttiere sollen auf den ersten Blick als Hengst oder Stute zu erkennen sein.

Haflinger Pferde passen sich problemlos an die verschiedensten klimatischen Bedingungen an. Dieser Junghengst wurde in Schleswig-Holstein geboren und fühlt sich sichtlich wohl in Spanien.
Foto: Pony-Park Padenstedt, Wolfgang Kreikenbohm

Farbe

Alle Schattierungen der Fuchsfarbe, vom Hellfuchs bis zum Kohlfuchs, sind erlaubt. Farbunreinheiten wie Stichelhaar (weiße Haare im Fell) oder Edelflecken (schwarze Flecken im Fell) sind unerwünscht. Mähne und Schweif sollen weiß sein. Farbunreinheiten wie rote oder insbesondere graue Haare in Mähne und Schweif werden in der Zucht negativ bewertet.

Kopfabzeichen sind erwünscht, aber nicht zwingend erforderlich. Zu viel Weiß am Kopf ist nicht erwünscht, ebenso wie Beinabzeichen, die jedoch bis zu einem gewissen Grad toleriert werden, insbesondere dann, wenn es sich um ansonsten hervorragende Pferde handelt.

Körperbau

Der Kopf soll edel und trocken sein, in der Größe harmonisch zum Pferd passen, mit großen, nach vorn gerichteten Augen, weiten Nüstern und charmantem Ausdruck. Der mittellange Hals soll nicht zu breit sein, sich zum Kopf hin verjüngen, mit wenig Unterhals und genügend Ganaschenfreiheit.

Der markante Widerrist soll weit in den Rücken reichen, die Schulter schräg gelagert sein. Der Rücken soll mittellang und gut bemuskelt sein und in der Bewegung schwingen. Die Kruppe des idealen Haflingers ist lang, kräftig bemuskelt, leicht geneigt und nicht zu stark gespalten. Der Schweif soll nicht zu tief angesetzt sein. Von der Seite gesehen soll das Vorderbein geradegestellt sein und das Sprunggelenk eine Winkelung von etwa 150° aufweisen. Die Fesseln sollen lang sein, die Hufe rund, klar und hart.

Bewegung

Erwünscht sind fleißige, taktmäßige und raumgreifende Bewegungen. Der Bewegungsablauf im Schritt soll losgelassen, energisch und erhaben sein bei klarem Ab- und Auffußen.

Im Trab und Galopp soll eine Schwebephase erkennbar sein. Die Bewegung soll elastisch, schwungvoll und leichtfüßig sein und in natürlicher Aufrichtung erfolgen. Der Schub, der aus der aktiv arbeitenden Hinterhand entwickelt wird, soll über den locker schwingenden Rücken auf die frei aus der Schulter vorgreifende Vorhand übertragen werden. Der Galopp soll deutlich vorwärts-aufwärts gesprungen werden.

Haflinger sind nicht nur herrlich anzusehen, sondern auch genügsam und robust.
Foto: Haflinger Pferdezuchtverband Tirol

Die Haflinger Persönlichkeit

Alle bisher aufgeführten, für den Züchter so wichtigen Punkte sind für das Gros der Haflingerfans jedoch nicht ausschlaggebend für ihre Liebe zu den „Blonden". Das besonders Liebenswerte an den Haflinger Pferden ist vielmehr, daß sie verläßliche Freizeitpartner sind, die „alles mitmachen", selten krank sind, relativ geringe Ansprüche an die Fütterung stellen, robust gehalten und von Reitanfängern und Fortgeschrittenen in allen Freizeitsportarten gleichermaßen genutzt werden können, weil sie sehr menschenbezogen, umgänglich und lernwillig sind. Daß Haflinger mit ihrer charakteristischen Farbe und den edlen Köpfen mit den großen Augen darüber hinaus traumhaft aussehen, spielt sicherlich auch eine Rolle.

Entscheidend ist, daß Haflinger Pferde eine besonders ausgeprägte Persönlichkeit besitzen. Bei jedem einzelnen Haflinger sind einige der für die Rasse typischen Eigenschaften besonders stark ausgeprägt.

Der eine liebt es, sich vor der Kutsche ins Zeug zu legen und unerschrocken schwierige Geländestrecken zu meistern. Der nächste bringt mit seinem unendlichen Spieltrieb den Besitzer immer wieder zum Lachen. Und wieder ein anderer wirkt besonders stur und läßt sich nur dann von der Weide zur Arbeit holen, wenn jemand kommt, der sich ihm gegenüber durchsetzen kann. Vielleicht ist es seine Aufgabe, die Menschen um ihn herum zur Konsequenz zu erziehen?

Ihnen allen ist zu eigen, daß sie sehr stark ihre Gefühle, Neigungen und Wünsche zum Ausdruck bringen können. Jeder Hafi hat seine Eigenarten, die ihn von anderen Pferden unterscheiden. Dafür und für seine grenzenlose Leistungsbereitschaft für den Menschen, den er achtet, wird der Haflinger von so vielen innig geliebt. Dabei ist es auch gleichgültig, ob der Haflinger vielleicht etwas zu pummelig und klein ist oder eine rote Mähne hat.

Wichtig ist, daß der Besitzer, Reiter, Fahrer oder Betreuer das Pferd liebt. Für ihn ist genau dieser Haflinger dann, unabhängig von den Aussagen aller Zuchtverbände, selbstverständlich der beste Haflinger der Welt!

Dennoch haben die genannten Zuchtziele ihre Berechtigung, denn gut bewertete Haflinger Pferde mit einem korrekten Körperbau können gesünder alt werden als beispielsweise Haflinger mit Stellungsfehlern, die auf die Dauer zu Verschleiß führen.

„Haflinger haben Persönlichkeit. Das macht sie so außergewöhnlich. Sie besitzen Intelligenz und sehr viel Ausdruck, viel mehr als jede andere Rasse, die ich kenne."

•

Inge Nobel, Dänemark
Präsidentin des Dänisch-Tiroler Haflinger Zuchtverbandes von 1986

Wegen seiner Umgänglichkeit ist der Haflinger ein Pferd für jung und alt.
Foto: Denise Senkhorst-Wulf

Trittsicher und zuverlässig, auch in unwegsamem Gelände - Haflinger Pferd im Dienst bei der Tragtierstaffel des Österreichischen Bundesheeres. Foto: Susanne Feddersen

Verwendung und Verbreitung

Sein hübsches Aussehen und der liebenswerte Charakter, die inneren Werte sozusagen, haben gewiß maßgeblichen Einfluß auf die Verbreitung des Haflingers gehabt. Der Haflinger ist nicht nur das ideale Reit- und Kutschpferd für die ganze Familie vom Kleinkind bis zum Großvater, er kann auch für die Waldarbeit herangezogen werden, dient immer noch dem Militär als Tragtier im Gebirge und ist als Voltigierpferd vielerorts zu sehen. Wegen seines ansprechenden Äußeren eignet er sich darüber hinaus besonders für Schauvorführungen.

In allen Disziplinen des Pferdesports von Western über Dressur und Springen bis hin zum Fahren sind Haflinger erfolgreich. Ein besonderes Aufgabengebiet haben sich die intelligenten Vierbeiner aufgrund ihres freundlichen Wesens erschlossen: die Reittherapie. Schon viele behinderte Kinder und Erwachsene haben im Umgang mit den Haflingern die Lebensfreude zurückgewonnen, weil die sicheren und zuverlässigen Pferde ihnen ein Gefühl für ihren Körper

Haflinger eignen sich ausgezeichnet als Voltigierpferde für Einsteiger.
Foto: Pony-Park Padenstedt, Wolfgang Kreikenbohm

„Tausche Rollstuhl gegen Haflinger", als zuverlässige Therapiepferde geben Haflinger vielen Behinderten ein Stück Beweglichkeit und Selbstvertrauen zurück.
Foto: Angelika Schmelzer

Haflinger Pferde in Spanien. Foto: Pony-Park Padenstedt, Wolfgang Kreikenbohm

zurückgegeben haben und sie im Sattel schlicht beweglicher sind. Nicht ohne Grund werden die kinderlieben Haflinger zudem in zahlreichen Reitbetrieben und Kinderferienhöfen eingesetzt, wo sie mit ihrer Ruhe und Charakterstärke schon so manchem Anfänger den Einstieg in den Pferdesport erleichterten.

Von Süd nach Nord breiteten sich die Haflinger in Deutschland aus. Ende der 60er Jahre hielten sie auch in Schleswig-Holstein Einzug. Foto: Susanne Feddersen

Kein Wunder also, daß die Nachkommen des Hengstes Folie 249 von Tirol aus den Siegeszug in die ganze Welt angetreten haben und heute in über 30 Ländern auf allen Kontinenten der Welt vertreten sind. In ganz Europa, den USA, Kanada, Australien, Brasilien und vielen anderen Ländern haben die Haflinger Liebhaber gefunden. Die Entwicklung dieser Rasse ist einzigartig und mit keiner anderen Rasse zu vergleichen, denn die Haflinger haben die Herzen der Völker in nur wenig mehr als 100 Jahren erobert und haben sich in dieser Zeit zur beliebtesten Kleinpferderasse gemausert.

Der Weg nach Deutschland

Der Einzug der Tiroler Bergpferde in Deutschland verlief wie der Rückzug der Eiszeit: das Eis schmolz auch für die Haflinger langsam von Süden nach Norden. Durch die räumliche Nähe zu Tirol bedingt, bahnten sich die Haflinger zuerst den Weg in die Pferdewelt Bayerns. Von Süd nach Nord fanden die Haflinger dann immer mehr Freunde. Erst Ende der 60er Jahre erfaßte die „Haflingerwelle" das „Land zwischen den Meeren", unser nördlichstes Bundesland Schleswig-Holstein.

Weltweit wird die Zahl der Haflinger auf 250 000 geschätzt. Die quantitativ größte Haflingerpopulation gibt es heute in der Bundesrepublik. Gemessen an der Zahl der vorhandenen Tiere stellen die Haflinger die beliebteste Kleinpferderasse Deutschlands dar. 1997 waren allein 14.000 Zuchttiere bei den bundesdeutschen Verbänden eingetragen, und die „Dunkelziffer" der Haflinger, die nicht in der Zucht eingesetzt werden, ist hoch.

Daß die ersten Haflingerzüchter es in den Zuchtverbänden nicht immer leicht hatten, davon kann auch Wolfgang Kreikenbohm, einer der Haflinger-Pioniere in Schleswig-Holstein, berichten: „Als ich im Jahre 1969 eine Anfrage an den Zuchtleiter unseres Pferdestammbuches, Herrn Landwirtschaftsdirektor Gramann, richtete, wie er die Zukunft der Haflinger in unserem Land beurteile, antwortete er mir, er kenne die Haflinger Pferde aus dem Urlaub in den Bergen. Hierher nach Schleswig-Holstein würden sie jedoch nicht passen, ich solle sie lieber dort lassen, wo sie hingehören. Nun, die Geschichte nahm einen anderen Lauf. Ich hielt mich nicht an diesen gutgemeinten Rat, und die Haflinger sind seit einigen Jahren die zahlenmäßig stärkste Rasse im Bereich des schleswig-holsteinischen Zuchtverbandes für Ponys und Kleinpferde. Herr Gramann selbst freut sich heute, wenn man ihn als erfahrenen Haflinger Richter auch überregional zu Schauen einlädt."

Einige anschauliche Beispiele belegen den Qualitätsstandard, den die Haflingerzucht in Deutschland inzwischen erreicht hat:

Die Pony- und Kleinpferdeszene staunte nicht schlecht, als 1994 die jahrgangsbeste Stute der Leistungsprüfungen in Schleswig-Holstein und Hamburg nicht wie in den Vorjahren eine Stute der sogenannten Reitponyrassen, sondern die Haflinger Stute „Anne-Ros" aus dem Padenstedter Gestüt war. So viel Rittigkeit, Fleiß und so herrliche Bewegungen hatte man von einem Haflinger bis dato gar nicht erwartet.

Schon drei Jahre zuvor schrieb die dreijährige „Aira" aus dem gleichen Stall Haflinger-Geschichte: sie erreichte im Trab die Wertnote 10. Darauf war der Computer des Zuchtverbandes nicht vorbereitet. Um diese auch von keiner anderen Rasse in Schleswig-Holstein je zuvor erreichte Bewegungsnote überhaupt im Abstammungsnachweis dokumentieren zu können, mußten zunächst einige Änderungen an der Software vorgenommen werden.

Und 1998 übertrumpften die Haflinger alle anderen Rassen auf einer Zuchtschau: bei der Norla, der größten landwirtschaftlichen Ausstellung und Landestierschau in Schleswig-Holstein, führte die Nachzuchtsammlung des Haflinger Hengstes „Almwind" zunächst die Gruppe der Haflinger an und siegte anschließend sogar überlegen gegen alle anderen Rassen.

Im Fahrsport gelten die Haflinger als „die Größten" unter den Kleinpferden. Foto: Denise Senkhorst-Wulf

Viel Talent für wenig Geld

Noch vor wenigen Jahren wurden Haflinger Pferde als „die lieben Kleinen" belächelt, die man nur vom Urlaub aus den Bergen kannte. Inzwischen jedoch ist es dem Haflinger gelungen, sich einen großen Freundeskreis zu erobern und sogar in Hochleistungsbereiche vorzudringen, die ursprünglich den Großpferden vorbehalten waren. So haben sich Haflinger Gespanne Landes- und Europameistertitel im Fahren erkämpfen können, und auch im Westernreiten standen Haflinger schon häufig auf dem Siegertreppchen.

Bedenkt man, daß der Haflinger mit einer Lebenserwartung von 25 bis 30 Jahren ein im Vergleich zu anderen Rassen langlebiges Pferd darstellt, so ist die Anschaffung eines Haflingers eine lohnende Investition in einen wunderbaren Freizeitpartner. Haflinger sind robust, gesund, genügsam und – was für den Züchter besonders wichtig ist – mit einer überdurchschnittlich guten Fruchtbarkeit ausgestattet. Dabei sind sie enorm vielseitig einsetzbar und verglichen mit anderen Rassen günstig in der Anschaffung.

Wer am Erwerb eines guten Haflingers interessiert ist, muß für ein Stutfohlen etwa 2000 bis 3000 DM aufwenden (für Fohlen in Ausnahmequalität ist die Preisskala nach oben offen).

Demjenigen, der nicht züchten möchte, sei ein Hengstfohlen empfohlen, das für 1000 bis 1500 DM zu erhalten ist. Ausgebildete erwachsene Haflinger kosten etwa 3000 bis 6000 DM. Hochwertige, prämierte Zuchtpferde mit gleich guter Ausbildung sind entsprechend teurer.

„Der Haflinger ist unter den Pferden, was das Allrad-Fahrzeug unter den Autos ist: leistungsstark, geländegängig und vielseitig. Deshalb sind Haflinger ideale Kutschpferde und Freizeitpferde.
Ich habe die Entwicklung in den letzten 20 Jahren beobachtet und bin sicher, daß die Haflinger in Zukunft noch sportlicher und größer werden, so daß sie bald auch im großen Sport mithalten können."

•

Johan Dekeyzer-Vanhentenryk, Belgien
Mitglied der Körkommission im Belgischen Haflingerzuchtverband

Foto: Denise Senkhorst-Wulf

Ein Traum wird wahr: das erste Haflinger Pferd kommt in die Familie

Die richtige Wahl

Wenn Sie einen Haflinger kaufen wollen, stellt sich zunächst die Frage: Welcher Haflinger ist der richtige? Da man für gewöhnlich seinen Freizeitpartner nicht wieder und wieder wechseln möchte, ist diese Frage von grundlegender Bedeutung.

Schließlich will man in der ohnehin knapp bemessenen Freizeit uneingeschränkt Freude haben und sich nicht ständig über ein Pferd ärgern, das nicht zu einem paßt. Wie aber findet man sein persönliches Juwel?

Das Allround-Pferd

Das Schöne am Haflinger ist, daß sich ein Pferd für viele Sparten gleichzeitig eignet. Viel häufiger als bei anderen Rassen sieht man Haflinger Pferde, die auf Turnieren sowohl in Spring- als auch in Dressurprüfungen starten, zusätzlich dann noch in der Geschicklichkeitsprüfung eine gute Plazierung erreichen und in der Führzügelklasse brav die kleinsten Reiter Runde um Runde durch das Viereck tragen. Gibt es dann noch eine Fahrprüfung, läßt sich der Allrounder auch noch anspannen.

Kaum ein Turnier wird der Vielseitigkeit eines Haflingers gerecht. Kaum eine andere Rasse bietet so viele Verwendungsmöglichkeiten.

Auch altersmäßig gibt es keine Beschränkungen. Der Haflinger kann dem jüngsten Familienmitglied genauso viel Freude bereiten wie dem Senior, denn Haflinger sind kinderfreundlich und umgänglich. Gut erzogene und ausgebildete Haflinger sind sehr sichere Pferde für jung und alt. Allerdings hat der Haflinger ein kluges Köpfchen und testet gern einmal aus, wie weit er gehen kann.

Konsequenz im Umgang ist dann geboten, damit das Pferd lernt, was es darf und was nicht. Insofern kann es sehr hilfreich sein, wenn Kindern, denen es altersgemäß oft noch an der nötigen Konsequenz mangelt, eine erwachsene Hilfsperson zur Seite steht. Oft reicht die bloße Anwesenheit aus, um den Haflinger zur Räson zu bringen.

Des Haflingers Vorlieben respektieren

Die Vorlieben und Stärken der Haflinger Persönlichkeit sollte man in der Auswahl des geeigneten Pferdes respektieren und den Haflinger nicht zu Aufgaben zwingen, die er nicht erfüllen kann.

Ist der Haflinger zufrieden, macht er alles freudig mit und ist zu Höchstleistungen fähig. Wird er allerdings überfordert oder wird es ihm langweilig, kann er sehr deutlich zum Ausdruck bringen, wo für ihn die Grenzen sind.

Dabei ist „Blondi“ dann nicht einfach nur stur. So manches ergibt sich einfach aus der Entwicklungsgeschichte der Rasse. Es ist nun einmal Tatsache, daß man im Gelände, sei es nun vor der Kutsche oder unter dem Sattel, oder auch im Geschicklichkeitsparcours weitaus mehr glückliche Haflinger findet als im Dressurviereck oder im schweren Springen. Die besonderen Fähigkeiten des Haflinger Pferdes muß man bei der Entscheidung für diese Rasse akzeptieren.

Eigene Grenzen kennen

Wenn man sich darüber im klaren ist, was man mit seinem Pferd unternehmen möchte und daß diese Erwartung von einem Haflinger erfüllt werden kann, muß man sich selbst möglichst objektiv beurteilen: die eigenen Fähigkeiten als Reiter oder Fahrer, den Leistungsstand, die Erfahrung im Umgang mit Pferden.

Ein unerfahrener Einsteiger steht mit einem rohen Pferd sicher vor einer unlösbaren Aufgabe, während dem langjährigen Reiter das brave Pferd vielleicht zu langweilig ist. Hierauf muß man achten, damit weder Mensch noch Pferd über- oder unterfordert und damit unzufrieden wird.

Haflinger sind kinderlieb, deshalb sieht man auf Turnieren immer mehr Haflinger Pferde in der Führzügelklasse mit ihren „kleinen Reitern“. Foto: Denise Senkhorst-Wulf

Am Ende eines langen Tages auf dem Rücken eines Haflingers in den Sonnenuntergang zu reiten - das ist Glück und Erfüllung. Foto: Haflinger Pferdezuchtverband Tirol

Will man ein Haflinger Pferd kaufen, sollte man die Möglichkeit haben, aus mehreren eine echte Auswahl zu treffen.
Foto: Denise Senkhorst-Wulf

Pferdekauf ohne böses Erwachen

Zu wissen, wie das Wunschpferd sein soll, ist schon ein wesentlicher Punkt. Als nächstes stellt sich die Frage, wo der Traumhaflinger zu finden ist. Dazu einige Ratschläge:

· Sehen Sie sich nur bei seriösen Verkäufern und Züchtern um. Wer schon Erfahrungen mit Pferdehändlern gemacht hat, wird in der Regel von ihnen abraten. Am besten kauft man dort, wo schon andere zuvor ein gutes Pferd bekommen haben und zufrieden waren. Besuchen Sie gar nicht erst Ställe mit einem schlechten Ruf. Ihr gutes Herz könnte Ihnen einen Streich spielen, und dann haben Sie plötzlich beispielsweise ein krankes Pferd im Stall, das nichts als Kosten verursacht. Um ganz sicher zu gehen, wählen Sie einen Verkäufer, der eine möglichst große Auswahl bieten kann, zum Beispiel ein Gestüt. Hier ist die Wahrscheinlichkeit größer, daß man wirkich eine Auswahl trifft, anstatt das „nächstbeste" Pferd zu nehmen, nur weil gerade nur dieses eine zum Verkauf steht, das eigentlich nicht alle Wünsche erfüllt.

· Lassen Sie das Pferd vor dem Kauf tierärztlich untersuchen.

· Keine Scheu vor Kaufverträgen! Ein Kaufvertrag kann ein Indiz für einen seriösen Verkauf sein. Alle Bedingungen können Sie hier „schwarz auf weiß" nachlesen. Auf einen Kauf per Handschlag, wie im Pferdeverkauf immer noch üblich, sollten Sie nur eingehen, wenn der Verkäufer Ihr Vertrauen verdient.

· Der Verkäufer sollte die Vorgeschichte des Pferdes lückenlos kennen und sie auch preisgeben. Wenn es nichts zu verbergen gibt, spricht schließlich nichts dagegen, daß der neue Besitzer Kontakt zu den Vorbesitzern, zum Züchter oder zum Zuchtverband aufnimmt. Dies kann beispielsweise über die Angaben im Abstammungsnachweis oder Pferdepaß - gewissermaßen der Personalausweis des Pferdes - geschehen.

· Der Verkäufer sollte Beratung auch über den Kauf hinaus anbieten. Wer beispielsweise ein Fohlen kauft, will nach drei Jahren vielleicht wissen, wo er es einreiten lassen kann oder wie er es dem Zuchtverband zur Eintragung vorstellt. Eventuell braucht man auch bei der Aufzucht einen Ansprechpartner in Fragen zu Haltung, Umgang und Ausbildung.

· Für Haflinger, die in der Zucht eingesetzt werden sollen, ist ein Abstammungsnachweis unerläßlich. Aber auch der Haflinger, der nicht für die Zucht bestimmt ist, sollte tunlichst nur mit Abstammungsnachweis verkauft werden. Gewiß, der Ausspruch „auf den Papieren kann ich nicht reiten, was zählt, ist das Pferd" hat seine Berechtigung. Aber wie oft hat man schon erlebt, daß junge Pferde als angeblich schon dreijährig und damit sofort einsatzbereit verkauft wurden, bei denen später bei genauerer Betrachtung durch den Fachmann Schäden durch zu frühe Überforderung festgestellt werden. Oder der entgegengesetzte Fall: die Mehrzahl der älteren Pferde, die ohne Papiere verkauft werden, ist eigentümlicherweise zwölf Jahre alt. Ein „Pferd im besten Alter", wird man denken und überrascht sein, wenn plötzlich Alterserscheinungen auftreten, die das Pferd als viel älter ausweisen. Kurz gesagt, ein Abstammungsnachweis nimmt den schwarzen Schafen unter den Verkäufern die Gelegenheit, Schindluder zu treiben, denn er zeigt das genaue Geburtsdatum an. Außerdem bietet er dem neuen Besitzer die Möglichkeit, Kontakt zum Züchter oder Vorbesitzer(n) aufzunehmen. Auch ein Impfpaß und ein Entwurmungsplan gehören zu einem seriösen Verkauf.

Nicht immer entscheiden Vernunftgründe bei der Auswahl eines Haflingers, oft ist es einfach „Liebe auf den ersten Blick“.
Foto: Denise Senkhorst-Wulf

Liebe auf den ersten Blick

Gerade bei einer Rasse wie den Haflingern, deren Äußeres besonders ansprechend ist, entscheidet oft das Auge des Käufers. Man sieht ein Pferd, seine herrliche Fuchsfarbe, die lange weiße Mähne, die großen aufmerksamen Augen, den schönen Kopf mit den kleinen lebendigen Ohren - und schon schmilzt man dahin. Dieses Pferd soll es sein und sonst keines. Schon allein aus diesem Grund sollte man sich nur bei seriösen Verkäufern umsehen, um ein späteres böses Erwachen zu vermeiden.

Die innere Stimme

Auf sein Gefühl - die innere Stimme - sollte man beim Kauf jedoch hören. Wenn man für einen Haflinger sofort innige Zuneigung empfindet, wird man viel leichter über gewisse Schwächen hinwegsehen können, als wenn man meint, das perfekte Pferd ausgesucht zu haben, und später feststellt, daß man keinen „Draht“ zu ihm findet.

Wenn möglich, besuchen Sie das ausgewählte Pferd mehrmals in seiner gewohnten Umgebung, um es richtig kennenzulernen, bevor Sie ihm endgültig Ihr „Ja-Wort“ geben. Und noch ein Hinweis: nehmen Sie bei diesen Gelegenheiten Ihre ganze Familie mit oder doch zumindest alle, die mit dem Pferd zu tun haben werden, denn es gibt sie tatsächlich, jene Menschen, die stets ausschließlich von Haflingern getreten werden, weil sie ihnen einfach immer auf die Nerven gehen.

Leistung, die man sich leisten kann

Ein Wort noch zum Preis: Verglichen mit anderen „Modepferden“ ist der Preis für einen Haflinger sehr gering. Betrachtet man auch noch die robuste Gesundheit sowie die unkomplizierte Haltung und Fütterung des Haflingers und stellt all dem sein vielseitiges, hohes Leistungsvermögen gegenüber, so ist ein Haflinger in der Tat ein für jeden erschwinglicher Traum mit ausgesprochen vorteilhaftem Preis-Leistungs-Verhältnis.

Vorsicht Falle

In diesem Zusammenhang muß ich auf Billigimporte aufmerksam machen. Immer wieder erlebt man es, daß Billigfohlen vor allem aus Tirol und Süddeutschland in ganz Europa zu Schlachtpreisen verkauft werden. Man sollte davon absehen, solche Fohlen zu kaufen. Sie haben lange Wege in engen Transportern hinter sich, sind oft krank und heruntergekommen. Abgesehen davon, daß sie den schon vorhandenen Pferdebestand anstecken können, werden die Grundsteine für erst später auftretende chronische Krankheiten schon beim Jungpferd gelegt. Solche Fohlen haben aber in aller Regel keine Papiere, so daß man nichts über ihre Herkunft, die bisherige Haltung und Entwicklung erfahren kann, ganz zu schweigen davon, daß man sie ohne Abstammungsnachweis in der Zucht nicht einsetzen kann.

Darüber hinaus sind solche Fohlen, die in großer Zahl zu Schleuderpreisen verkauft werden, ein Indiz dafür, daß irgendwo ein Überschuß produziert wird. Kauft man aus

Diese zwei verstehen sich. Foto: Susanne Feddersen

Viele junge Menschen lernen dank ihres Pflegepferdes, Verantwortung zu übernehmen.
Foto: Pony-Park Padenstedt, Wolfgang Kreikenbohm

Mitleid ein solches Fohlen, trägt man indirekt dazu bei, daß diese Überproduktion weitergeht und im nächsten Jahr wieder genauso viele Fohlen übrigbleiben, die eigentlich niemand haben will. Also: Hände weg von Billigimporten!

Reitbeteiligung willkommen!

Wenn Sie zwar auch gern ihre Freizeit mit einem Haflinger Pferd verbringen möchte, aber selbst nicht die Möglichkeiten haben, ein eigenes Haflinger Pferd zu halten, versuchen Sie doch, sich an einem Haflinger zu beteiligen! Viele Haflinger Besitzer sind froh, wenn sie die Belastung, die ein eigenes Pferd bei aller Freude auch mit sich bringt, mit jemandem teilen können, wenn noch eine weitere Person beim Füttern, Putzen und Ausmisten hilft und den Haflinger beschäftigt. Somit ist man weniger gebunden und muß dem Pferd gegenüber kein schlechtes Gewissen haben, weil die Reitbeteiligung einspringt, wenn man selbst einmal etwas anderes unternimmt.

Anders als in einer Reitschule, wo man ständig andere Pferde reitet, kann man auf diese Weise eine Beziehung zu einem Pferd aufbauen, und kann seine Ausbildung und Entwicklung verfolgen. Schon junge Reitmädchen bauen zu ihrem Haflinger Pflegepferd oft eine sehr innige Beziehung auf. Sie übernehmen Verantwortung und haben tolle Erlebnisse mit ihrem Schützling.

Grundvoraussetzung für das Funktionieren einer Reitbeteiligung ist natürlich, daß die Partner sich verstehen und sich in den wesentlichen Punkten bezüglich Umgang und Haltung einig sind. Ansonsten gibt es nur Reibereien. Bei Minderjährigen müssen die Eltern einverstanden sein. Wie man sich dann einigt, ob die Reitbeteiligung täglich kommt oder nur einige Tage in der Woche, ob sie bei der Versorgung des Pferdes mithilft oder nur reitet, ob eine Unkostenbeteiligung vereinbart wird oder nicht, das muß jeder für sich - und zum Wohle des Haflingers - entscheiden.

Vorbereitungen für den Einzug

Nach reiflicher Überlegung und ausgiebiger Suche sind Sie endlich stolzer Besitzer eines Haflingers. Jetzt gilt es, bevor das neue Familienmitglied abgeholt wird, daheim alles vorzubereiten, damit der Haflinger sich wohlfühlt. Zwar sind Haflinger im wahrsten Sinne des Wortes Robustpferde, die keinen Schaden nehmen, wenn vorübergehend nicht alle Anforderungen an eine artgerechte Haltung erfüllt werden, aber eine optimale Haltung ist die Gewähr für Gesundheit, Einsatzfreude und ein langes Pferdeleben.

Gesellschaft

Am wohlsten fühlen Haflinger sich in Gesellschaft von Artgenossen im Offenstall. Wie jedes andere Pferd ist der Haflinger ein Herdentier, das sich in der Gesellschaft

Wie alle Pferde sind auch Haflinger Herdentiere, die sich in Gesellschaft von Artgenossen am wohlsten fühlen.
Foto: Pony-Park Padenstedt, Wolfgang Kreikenbohm

anderer Pferde sicher fühlt. Dabei sind zwei Pferde das absolute Minimum, eines allein verkümmert. Der Haflinger braucht seine Artgenossen auch für die Fellpflege und zum Toben. Ansonsten wird ihm leicht langweilig und er gewöhnt sich - genau wie Pferde anderer Rassen - Unarten an, wie zum Beispiel das Koppen (Luftschlucken, das leicht zu Koliken führt), oder er fängt an, Sand oder kleine Steine zu fressen.

Viele einzeln gehaltene Tiere sind sehr unsicher und unruhig, weil sie ständig auf sich allein gestellt sind und das Pferd als Fluchttier dann immer in Alarmbereitschaft sein muß. In der Herde wacht ein Pferd, während die anderen ruhen.

Haflinger können selbstverständlich zusammen mit Pferden anderer Rassen gehalten werden. Einfacher ist es jedoch, Pferde mit weitgehend gleichen Bedürfnissen zusammen zu halten. Dazu ein Beispiel: Ein Haflinger Wallach wurde als Gesellschaftspferd für eine Holsteiner Stute gekauft, die wegen einer Stauballergie von der Boxenhaltung in einen Offenstall umgestellt werden mußte. Der robuste Haflinger brauchte auch bei starker Kälte nicht mit Kraftfutter zugefüttert zu werden. Zweimal täglich Heu und Mineralfutter reichten völlig aus. Die Warmblutstute allerdings benötigte viel mehr Heu und einige Kilo Kraftfutter. So hatte der Haflinger seine Ration also viel schneller aufgefressen und machte sich, weil er dazu noch ranghöher war, anschließend über das Futter der Holsteinerin her, wurde dicker und seine Freundin magerte ab, bis schließlich eine aufwendigere Lösung gefunden wurde, die beiden für die Futterzeiten zu trennen.

Der Stall

Haflinger können ganzjährig im Offenstall gehalten werden. Hier haben sie frische Luft und mehr Bewegung und Kontakt zu ihren Artgenossen als in einer Box. Bei schlechtem Wetter Mitleid mit den „armen Tieren da draußen" zu haben, während man selbst in der warmen Stube sitzt, wäre falsch. Die Bedürfnisse des Pferdes kann man nicht mit menschlichen Maßstäben messen. Gegen die Kälte beispielsweise ist der Haflinger durch sein dickes Winterfell geschützt. Der Offenstall sollte luftig, aber nicht zugig sein, hell, nach drei Seiten geschlossen und groß genug für alle Pferde. Die Einstreu muß jederzeit so beschaffen sein, daß die Haflinger trocken liegen können. Sonst verklebt das lange Winterfell und verliert die wärmende Wirkung.

Ein dichtes Winterfell wärmt den Haflinger auch bei sehr tiefen Temperaturen. Foto: Haflinger Pferdezuchtverband Tirol

„Stark und kräftig, aber edelmütig genug, seine Kraft nicht gegen diejenigen einzusetzen, die ihm freundlich begegnen. Wer mit dem Haflinger arbeitet, verfällt ihm sofort, weil es so einfach ist, eine Kommunikation mit ihm aufzubauen. Er vereint Eleganz und Robustheit in sich und ist deshalb mit keiner anderen Pferderasse zu vergleichen, die alle jeweils nur eine dieser Eigenschaften aufweisen können. So ist unser Freund, das Haflinger Pferd!"

Alexandra Navarro, Spanien

Tägliche Bewegung an der frischen Luft hält den Haflinger gesund. Foto: Haflinger Pferdezuchtverband Tirol

Sehr praktisch für die Pflege von Auslauf und Weide: der „Äppelboy“. Foto: Dirk Hourticolon

Haflinger besitzen einen ausgeprägten Spieltrieb. Foto: Denise Senkhorst-Wulf

Auslauf und Weide

Auch der Boden des Auslaufs sollte möglichst trocken und die Einzäunung stabil sein. Das gleiche gilt für die Weide. Ist genügend Gras vorhanden und hat der Haflinger ausreichend Beschäftigung, genügt ein Elektrozaun aus Litze oder glattem Draht als Einzäunung.

Wenn weder Futter noch Beschäftigung ausreichen, sollten Auslauf und Weide möglichst ausbruchsicher sein, denn dem Erfindungsreichtum und Geschick eines Haflingers auf der Suche nach Grashalmen sind keine Grenzen gesetzt.

Der Wandertrieb ist im Herbst besonders ausgeprägt, wenn das Gras nicht mehr so üppig wächst. Stuten können während der Rosse (Brunstperiode) im Frühjahr bei den ersten Sonnenstrahlen ähnlich erfinderisch werden. Meine Stute „Odessa“ hätte sich ihre unvergleichliche Methode patentieren lassen können, mit der sie mit den Zähnen einen Weidezaunpfahl nach dem anderen aus dem Boden lupfte, um sie dann dezent fallen zu lassen und schließlich grazil über den Draht zu steigen.

Eine Einzäunung aus Holz ist vorteilhaft. Stacheldraht ist wegen der Verletzungsgefahr für Pferde nicht geeignet.

Auslauf und Weide des Haflingers sollten regelmäßig abgesammelt werden, denn wo Pferdeäppel liegenbleiben, entstehen sogenannte „Geilstellen“, Stellen mit üppigem Graswuchs, auf der Weide.

Damit sich diese Geilstellen nicht zu sehr vergrößern und damit keine Würmer aus dem Mist aufgenommen werden können, gehört das Absammeln zu einer sorgfältigen Weidepflege.

Zum Auflesen der Kothaufen eignet sich besonders ein „Äppelboy“, eine kleine Schaufel mit rechtwinkligem Blatt, auf die man die Pferdeäppel mit einer Harke aufschiebt. Eine für den „Äppeltransport“ genutzte Schubkarre sollte nicht ungereinigt zum Transportieren von Futter genutzt werden.

Haflinger brauchen viel Abwechslung, deshalb sind Boxen „mit Ausblick“ vorzuziehen. Foto: Angelika Schmelzer

Der Haflinger in Boxenhaltung

Wenn keine Möglichkeit zur Offenstallhaltung besteht, kann man Haflinger auch in Boxen mit täglichem Weidegang unterbringen. Es ist dann jedoch dafür zu sorgen, daß der Haflinger genügend frische Luft bekommt und daß er - noch mehr als bei der Weidehaltung - beschäftigt wird. Der Haflinger ist nur dann wirklich ausgeglichen, wenn er täglich etwas erlebt. Stehtage, wie sie in vielen herkömmlichen Reitbetrieben auch heute noch praktiziert werden, braucht ein Haflinger nicht. Die Pferde sollten sich in den Boxen gegenseitig sehen können. Wenn möglich sollte man auch eine Box wählen, von der aus der Haflinger viel vom Geschehen um ihn herum mitbekommt. Und weil die Beschäftigung für den Haflinger so wichtig ist, wird ihr in diesem Buch an späterer Stelle ein eigenes Kapitel gewidmet (s.S. 29, „Abwechslung im Haflinger Alltag“).

Fütterung

Haflinger fressen gern und viel, wenn man sie läßt. Dabei ist der Haflinger im allgemeinen ein leichtfuttriges Pferd, das nicht viel braucht und bei zu wenig Bewegung schnell dick wird.

Wie viel Futter der Haflinger tatsächlich bekommen muß, hängt sehr stark von mehreren Faktoren ab. Jeder Haflingerhalter kann ganz individuell für sein Pferd eine Rationsberechnung aufstellen, die Größe und Gewicht, Haltungsform (Box oder Offenstall) und tägliche Arbeitsbelastung berücksichtigt und so den genauen Futterbedarf vorgibt.

Wie das geht, ist in speziellen Büchern zum Thema Fütterung beschrieben, und vielerorts werden Fütterungsseminare angeboten. Die Pferdewirtschaftsmeisterin Ute Rohwäder, die im Pony-Park Padenstedt unter anderem täglich für die Fütterung von nahezu 200 Haflingern verantwortlich ist, hat einige Haflinger-Rationsberechnungen durchgeführt, deren Ergebnisse als grobe Richtschnur dienen können. Folgende Berechnung wurde für einen ausgewachsenen Haflinger von ca. 400 kg vorgenommen, der freizeitmäßig genutzt wird:

Während der Weideperiode von Anfang Mai bis Ende September reicht eine gute Weide aus, den Haflinger zu ernähren. Beim Anweiden im Frühjahr, wenn das Gras noch sehr frisch und besonders eiweißreich ist, ist es ratsam, Rauhfutter (ca. 2 kg Heu und 1 kg Stroh) zuzufüttern.

Wo es möglich ist, daß der Haflinger auch von Oktober bis Anfang Dezember noch auf der Weide bleibt, werden je nach Grasaufwuchs 2 bis 4 kg Heu zugefüttert sowie 1 kg Kraftfutter (pelletiertes Alleinfutter für Pferde) und ein ausgewogenes Mineralfutter.

Während der Winterperiode von Anfang Dezember bis Ende April, wenn der Haflinger im Offenstall oder in der Box mit täglichem Auslauf gehalten wird, benötigt er je nach Leistung bis zu 4 kg Kraftfutter, 4 bis 5 kg Heu, 1,5 kg Stroh (das gegebenenfalls aus der Einstreu aufgenommen werden kann) sowie Mineralfutter.

Einen Salzleckstein sollte man dem Haflinger immer anbieten, genauso wie frisches, sauberes Wasser immer zur Verfügung stehen muß.
Diese Angaben sind nur als Richtwerte zu verstehen. Der Energieverbrauch des Haflinger Pferdes ist beispielsweise höher, wenn es mehr arbeitet oder die Außentemperaturen niedriger sind oder während der Trächtigkeit. Solche und weitere Faktoren sind immer zu berücksichtigen. Letztendlich gilt immer noch der alte Satz: „Das Auge des Herrn füttert sein Vieh!" Wird der Haflinger sichtlich zu dick, muß die Ration entsprechend gekürzt werden; magert er dagegen ab, läßt sein Leistungswille nach und wird das Fell stumpf, braucht er möglicherweise mehr oder besseres Futter.

Für die Gesundheit des Haflingers ist eine ausreichende Versorgung mit Mineralstoffen und Spurenelementen wichtig. Um Unterversorgungen vorzubeugen, kann man im Sommer die Bodenbeschaffenheit und im Winter die Heu- oder Silagezusammensetzung bestimmen lassen.

Ein Salzleckstein sollte immer zur Verfügung stehen.
Foto: Dirk Hourticolon

Adressen der entsprechenden Labors, die solche Untersuchungen durchführen, erfährt man bei den zuständigen Landwirtschaftskammern oder -ministerien. Diese relativ geringe Investition in die Gesundheit des Haflingers lohnt sich immer.

Haflinger fressen sogar noch im Liegen.
Foto: Dirk Hourticolon

Foto: Denise Senkhorst-Wulf

Foto: Denise Senkhorst-Wulf

Für Fahrpferde muß bei manchen Versicherungsgesellschaften eine zusätzliche Haftpflichtversicherung abgeschlossen werden Foto: Susanne Feddersen

Versicherungen für den Haflinger

Haftpflicht

Ein absolutes Muß für jeden Haflinger Besitzer ist eine Tierhalter-Haftpflichtversicherung. Wie bei allen Versicherungen lohnt der Vergleich der unterschiedlichen Anbieter.

Man sollte jedoch nicht nur nach möglichst geringen Beitragssätzen schielen, sondern genau den Versicherungsumfang vergleichen und seinen speziellen Fall mit dem Versicherungsvertreter oder -makler besprechen. Haflinger, die zur Zucht eingesetzt werden und nur zum Zwecke der Bewegung geritten werden, können beispielsweise günstiger versichert werden als Sport-Haflinger, die auch Reitschulen und Turniere besuchen.

Kutschpferde müssen bei den meisten Versicherern mit einem Zuschlag versichert werden. Und wie schnell läßt man einmal ein Nachbarskind auf dem braven Hafi eine Runde um die Koppel drehen! Wenn dann etwas passiert, ist man mit einer Fremdreiterklausel gut beraten, die beispielsweise auch Reitbeteiligungen mitversichert.

Einige Versicherungen bieten spezielle Angebote für die Mitglieder von Haflinger Vereinen und Interessenvertretungen oder Zuchtverbänden. Danach sollte man sich erkundigen.

Krankenversicherung

Die Krankenversicherung für Pferde übernimmt einen Teil jeder ambulanten und stationären Behandlung, erstattet die Kosten für Operationen und gewährt eine jährliche Maximalsumme für Wurmkuren und Impfungen. Im Falle einer Operation ist mitunter sogar mit Kosten von mehreren tausend D-Mark zu rechnen. Auch wer keine Krankenversicherung abschließen möchte, kann seinen Haflinger gegen das OP-Risiko versichern mit einer sogenannten „OP-Versicherung".

Lebensversicherung

Pferde-Lebensversicherungen zahlen in der Regel bei Tod, Nottötung oder dauernder Unbrauchbarkeit einen gewissen, vorher festgesetzten Betrag an den Besitzer aus. Wegen der Höhe der Prämien lohnen sich solche Versicherungen zumeist jedoch nur für besonders wertvolle Zucht- oder Sport-Haflinger. In ländlichen Gegenden bilden die „Vieh- und Pferdegilden" eine relativ günstige Alternative, denn sie erstatten in vielen Fällen einen Teil der Tierarztkosten und zahlen bei Tod oder Nottötung den Versicherungsbetrag aus.

Leibesfruchtversicherung

Für Züchter interessant ist die sogenannte Leibesfruchtversicherung. Es handelt sich dabei gewissermaßen um eine Versicherung für das ungeborene Fohlen, die Züchter im allgemeinen bei vielversprechenden Anpaarungen abschließen, um im Falle des Verfohlens der Stute eine Entschädigung für den erwarteten materiellen Gewinn zu erhalten.

Fleißig, trittsicher und nervenstark sind Haflinger Pferde im Gelände. Foto: Dirk Hourticolon

Abwechslung im Haflinger Alltag

Der Haflinger fühlt sich am wohlsten, wenn es immer etwas zu tun oder zu sehen gibt. Wenn der Haflinger täglich mindestens einmal körperlich gefordert wird, ist er noch ausgeglichener und umgänglicher. Dabei muß die Abwechslung vom Weidealltag vielseitig gestaltet werden:

Ab ins Gelände!

Vor allem, wenn man nur wenig Zeit hat, sind die Reitbahn hinter dem Haus oder die nahe gelegene Reithalle natürlich sehr praktisch.

Aber täglich eine Stunde Figurenreiten in der Bahn findet der Haflinger schnell langweilig. Ausritte, die mit den fleißigen, trittsicheren und nervenstarken Haflingern zum Vergnügen werden, sind da eine gute Alternative. Denn dabei gibt es für den Haflinger immer wieder etwas Neues zu sehen und zu erleben.

Diese Alternative kommt aber nur für Reiter in Frage, die ihren Haflinger unter Kontrolle, das heißt gut auf die Welt außerhalb des Vierecks vorbereitet haben, sonst wird der gemütliche Ausritt schnell zum gefährlichen Abenteuer. Man darf nicht vergessen, daß ein ungehorsames Pferd im Gelände auch andere Verkehrsteilnehmer gefährden kann.

Die sportliche Ausprägung des Geländereitens, das Distanzreiten, erfordert gesunde, ausdauernde Pferde mit einer guten Kondition. Bei solider Aufzucht und vorsichtigem, aber stetem Training können Haflinger in diesem Sport durchaus Höchstleistungen erbringen. So war die Haflinger Stute „Aiga" von Gisela Aschersleben aus Oerlinghausen/Westfalen 1997 bestes deutsches Kleinpferd im Distanzsport und qualifizierte sich 1998 sogar für die Weltmeisterschaft.

Reitunterricht

Eine Grundausbildung sollten auch der Freizeitreiter und das Freizeitpferd genießen. Der Freizeitreiter lernt in der Grundausbildung, wie er möglichst pferdeschonend reitet und sein Pferd richtig gymnastiziert. Gymnastizierung, wie zum Beispiel das Reiten über Stangen oder durch ein Stangenlabyrinth, trainiert die Beweglichkeit und beugt Muskelkater bei Pferd und Reiter vor.

Das Pferd lernt, sich zu biegen und zu stellen, seine Last möglichst gleichmäßig auf alle Viere zu verteilen und die Hilfen des Reiters anzunehmen. Gleichzeitig wird allmählich Kondition aufgebaut.

Bodenarbeit

Eine sehr nützliche Abwechslung im Haflinger Alltag stellt auch die Bodenarbeit dar, bei der der Mensch dem Haflinger vom Boden aus Aufgaben stellt wie das Treten über Stangen oder das Bewältigen von Scheuhindernissen wie zum Beispiel Planen. Die Grundlagen kann man sich auf den zahlreich angebotenen Kursen aneignen. Dort oder in den Vereinen, einschlägigen Büchern oder Videos holt man sich die Ideen, wie man seinem Haflinger zu Hause immer wieder etwas Neues bieten kann.

Dabei lernt der Haflinger unter anderem, an alles, was furchterregend aussieht (ein bunter Sonnenschirm, bunte Luftballons) oder Lärm macht (ein Radio, eine raschelnde Plastiktüte) heranzutreten, unerschrocken über unterschiedliche Bodenbeläge zu gehen (Spänebahn auf dem Reitplatz, Pfützen, Plastikplane), sich selbst mit knisternden, bunten Dingen (Tücher, Plastiktüten) berühren zu lassen und vieles mehr. Dem Einfallsreichtum des Haflinger Ausbilders sind keine Grenzen gesetzt.

Eine solide Grundausbildung bringt für Pferd und Reiter Vorteile. Foto: Angelika Schmelzer

Neugierde und Vertrauen zum Reiter sind die Stärken des Haflingers im Geschicklichkeitsparcours.
Foto: Susanne Feddersen

Geschicklichkeitsreiten

Was dann „von unten", bei der Bodenarbeit, gut klappt, kann auch „von oben", im Sattel, ausprobiert werden - und wird völlig neue Schwierigkeiten aufwerfen. Denn wenngleich der Haflinger sich problemlos von seiner Vertrauensperson überall hin führen läßt, heißt das noch lange nicht, daß er auch auf Anhieb den Mut aufbringt, die gleichen Hindernisse anzugehen, wenn niemand mehr neben ihm geht, sondern lediglich jemand auf seinem Rücken sitzt. Aber wenn man auch die kleinsten Fortschritte lobt und nicht zu viel auf einmal verlangt, lernen Haflinger sehr schnell. Dann ist es bald auch kein Problem mehr, über unterschiedlich hoch gelegte Stangen zu reiten, ohne daß ein Pferdehuf sie berührt, auf dem Pferd sitzend einen Regenschirm aufzuspannen oder an einem Band Äste hinter sich her zu schleppen.Bei entsprechendem Ausbildungsstand kann man mit dem Haflinger an einem Breitensportturnier teilnehmen und in Geschicklichkeitswettbewerben starten. Wegen ihrer Nervenstärke haben Haflinger hier im allgemeinen gute Chancen, sehr weit vorn plaziert zu werden.

Im Westernreiten gehören derartige Hindernisse zum Trailparcours. Hier haben sich Haflinger schon bis in die hohen Klassen vorgekämpft. Die schleswig-holsteinische Haflingerstute „Gloria" beispielsweise erreichte mit ihrer Reiterin Heike Kohler als eine der ersten ihrer Rasse zweimal den Titel „Deutsche Meister", und Gisela Gelhausen aus Baden-Württemberg wurde mit dem Hafliger Wallach „Rebell" 1996 sogar Europameister im Trail.

Heike Kohler und die Haflinger Stute Gloria: Deutsche Meister im Western-Trail
Foto: Günther Hildebrand

Reiterspiele und Rallyes

Vor allem Kindern gefällt es, mit den ruhigen und geduldigen Haflingern, die, wenn es darauf ankommt, auch noch mächtig Ehrgeiz entwickeln, an Reiterspielen teilzunehmen. Beim Brezelreiten beispielsweise werden zwei Mannschaften gebildet, deren Reiter möglichst schnell von einer Schnur Brezeln abbeißen müssen. Dabei muß der Haflinger ruhig unter der Schnur stehen bleiben.

Wie ein Denkmal muß der Haflinger stehen beim Kringelbeißen...
Foto: Pony-Park Padenstedt, Wolfgang Kreikenbohm

Beim Zitronenreiten soll der Reiter aus einem Wassereimer mit dem Mund eine Zitrone herausfischen, damit aufs Pferd steigen und schnell zu seiner Mannschaft zurückreiten.

Bei der Kartoffeljagd wird eine Kartoffel auf einem Löffel vom Start zum Ziel transportiert, wobei unterwegs Hindernisse wie zum Beispiel eine Slalomstrecke zu überwinden sind.

Werden solche und andere Spiele im Gelände durchgeführt, wird daraus eine Reiterrallye. Solche Rallyes kann man sich wie eine „Schnitzeljagd zu Pferde“ vorstellen. Oft müssen dabei zusätzlich pferdebezogene Fragen beantwortet und die Orientierung und Geschicklichkeit im Gelände bewiesen werden.

Der moderne Haflinger ist auch im Dressursport erfolgreich. Foto: Hugo M. Czerny

Springen und Dressur

Wer eine Karriere als Spring- oder Dressurreiter anstrebt, wird nicht in erster Linie einen Haflinger wählen. Dennoch ist es schon vielen Haflingerfreunden gelungen, ihre Lieblingsrasse auch in diesen Disziplinen so weit zu fördern, daß sie in Leistungsklassen vordringen, in denen man sie gar nicht erwartet hätte. Die Geschichte des Haflingers begann zwar als Lastenträger im unwegsamen Gelände. Heute aber werden Haflinger sogar schon als Darsteller für Lehrfilme der Deutschen Reiterlichen Vereinigung ausgewählt - und das mit „ganz normalen“ Reitern. Die Ferienkinder des Pony-Park Padenstedt sind in dem gleichnamigen FN-Film „Auf dem Weg zum richtigen Sitz“.

... und schnell muß er sein beim Zitronenreiten. Foto: Pony-Park Padenstedt, Wolfgang Kreikenbohm

Dennoch müssen Haflinger Reiter sich auch heute noch oft Bemerkungen anhören wie „Wann kaufst Du Dir endlich ein richtiges Pferd?“ oder „Mit dem kleinen Dickerchen hast Du auf dem Turnier doch sowieso keine Chance.“ Nehmen Sie sich das bloß nicht zu Herzen! Verweisen Sie auf die vielen im Sport erfolgreichen Haflinger, stehen Sie über den Dingen und nehmen Sie solche Bemerkungen zum Anlaß, es den Miesmachern nach dem Motto „jetzt erst recht“ zu zeigen, denn wir selbst kennen die Stärken unserer Haflinger am besten! Aus der Kritik spricht häufig nur Neid.

Dressur

Das „Mainzer Haflingerquartett“ beispielsweise, vier Haflinger Reiterinnen aus Mainz und Umgebung, tritt in Dressurprüfungen bis Klasse M an.

Aber selbst wenn man nicht auf Reitturnieren starten möchte, kann es im Sinne einer abwechslungsreichen Beschäftigung mit dem Haflinger nicht schaden, gelegentlich eine Dressuraufgabe durchzureiten, wie sie die LPO (Leistungs- und Prüfungsordnung der Deutschen Reiterlichen Vereinigung) vorgibt.

So verschafft man sich ein Bild dessen, was man schon kann, und wo weiteres Üben notwendig ist, sei es nun die Stellung oder Biegung des Pferdes, die Anlehnung an die Zügel oder die Durchlässigkeit der Paraden.

Aber Vorsicht: Reiten Sie nicht zu oft dieselbe Aufgabenkombination, denn Haflinger lernen sie meist schneller auswendig als ihr Reiter und führen die jeweiligen Lektionen dann schon vor der entsprechenden Hilfengebung aus, was auch nicht Sinn der Übung ist.

Bei so manchem Haflinger beschränkt sich die Springfreudigkeit nicht nur auf Koppelzäune.
Foto: Haflinger Pferdezuchtverband Tirol

Springen
Über kleine Hindernisse kann jedes Haflinger Pferd springen. Lernen sollten sie es auf jeden Fall, damit der Haflinger im Wald, wenn er einmal über einen kleinen Baumstamm springen soll, den richtigen Absprung findet und sich ausbalancieren kann. Wer bei seinem Haflinger eine außergewöhnliche Springfreudigkeit entdeckt (die sich nicht nur auf Koppelzäune beschränkt), soll diese ruhig fördern, denn so mancher Hafi hat schon bewiesen, daß er seine eigene Körperhöhe überspringen kann.

Pferd oder Pony?

Von seiner Entwicklungsgeschichte her ist der Haflinger ein Pferd. Wenn es jedoch nach der FN, der Deutschen Reiterlichen Vereinigung, geht, sind nur Haflinger über 1,48 m Widerristhöhe „Pferde". Haflinger, die kleiner sind, gelten als Pony. Diese Einteilung wird dann wichtig, wenn man mit dem Haflinger auf FN-anerkannten Turnieren starten möchte. Man braucht dann für seinen Haflinger eine Meßbescheinigung, die beispielsweise vom Zuchtverband ausgestellt wird.

Generell sind in allen Prüfungen Pferde und Ponys startberechtigt. Das heißt, auch Haflinger unter 1,48 m Widerristhöhe dürfen teilnehmen.

Heißt es in der Ausschreibung für eine Prüfung ausdrücklich „ohne Ponys", dürfen Haflinger unter 1,48 m nicht starten. In diesen Fällen gibt es meistens extra ausgeschriebene entsprechende Prüfungen „nur für Ponys". Solche „Pony-Prüfungen" dürfen allerdings nur von Junioren, das heißt von Kindern und Jugendlichen bis zum Alter von 18 Jahren, geritten werden.

Western

Die Western-Turnierlandschaft - vor einigen Jahren noch eindeutig vom Quarter Horse beherrscht - wurde von Haflinger Pferden kräftig aufgemischt. Dank ihres kurzen Rückens, der gut bemuskelten Hinterhand, ihres Leistungswillens und ihrer Nervenstärke erweisen Haflinger sich auch in dieser Sparte als besonders geeignet. Noch vor wenigen Jahren wurden sie auf Westernturnieren belächelt und unterschätzt, doch die Erfolgsserien der westernmäßig ausgebildeten Haflinger haben bewiesen, daß es sich nicht um Ausnahmen handelt, und den Haflingern inzwischen den Spitznamen „Alpen-Quarter" eingebracht. Die besondere Stärke des Haflingers ist sicher der Trail, aber auch in anderen Disziplinen wie Pleasure, Horsemanship, Cutting und Reining brillieren sie, so daß man schon vom Western-Allrounder sprechen kann.

Fahren

Ähnlich erfolgreich sind Haflinger auf Fahrturnieren, sei es nun auf der Geländestrecke, im Kegelparcours oder im Fahr-Dressurviereck. Eigenschaften wie Nervenstärke, Leistungsbereitschaft und Ausdauer kommen dem Haflinger beim Fahren zugute.

Dank dieser Eigenschaften lassen die Haflinger auch auf Turnieren der schweren Klasse immer wieder alle anderen Rassen hinter sich. Abel Unmüssig aus dem Schwarzwald beispielsweise wurde 1997

Ein „Alpen-Quarter" in Aktion.
Foto: Haflinger Magazin, Dr. Helga Kretzschmar

Detlef Randzio mit seinem erfolgreichen Haflinger Viererzug in einer Wasserdurchfahrt. Foto: Denise Senkhorst-Wulf

Bevor man sich in den Straßenverkehr begibt, müssen die Haflinger zu sicheren Fahrpferden ausgebildet werden. Foto: Denise Senkhorst-Wulf

„Meine Frau und ich lieben Haflinger. Wir fahren Kutsche und sind früher auch selbst geritten. Haflinger haben einen großen Spieltrieb, sind eifrig und heutzutage auch athletisch genug, enorme Leistungen zu erbringen.
Der gut ausgebildete Haflinger ist ein sehr sicheres Pferd, das auch für Anfänger leicht zu handhaben ist. Meine Kutschpferde lassen sich beispielsweise sogar zur rush-hour durch Londons Hauptstraßen fahren, ohne mit der Wimper zu zucken."

Tom Crane, Großbritannien
Mitglied im Vorstand
der Welthaflingervereinigung

Deutscher Meister der Pony-Viererzüge, und auch der Vizemeister-Titel ging an einen Haflinger-Fahrer: Detlef Randzio aus Nordrhein-Westfalen. Abel Unmüssigs Gespann konnte sogar den Mannschafts-Europameister Titel für die Haflinger „einfahren".

Genau wie Reitpferd und Reiter müssen auch Fahrpferd und Fahrer eine solide Ausbildung genießen, bevor sie öffentliche Wege betreten. Mehr noch: während der Reiter auch Gewichts- und Schenkelhilfen einsetzen kann, beschränkt sich die Einwirkung des Fahrers auf Stimme und Fahrleinen.

Aus Sicherheitsgründen sollten Haflinger wie alle anderen Rassen nur von versierten Ausbildern eingefahren werden. Die vorbereitenden Arbeiten wie Longieren, Gewöhnen an das Fahrgeschirr und die Doppellonge und das Fahren vom Boden kann der Haflinger Besitzer jedoch auch selbst ausführen, und sie stellen eine willkommene Abwechslung im Alltag des Haflingers dar.

Schaubilder

Ein gut gepflegtes Haflinger Pferd ist eine Augenweide. Ein schönes Haflinger Pferd, das darüber hinaus seine besonderen Fähigkeiten zur Schau stellt, ist ein Gewinn für das Ansehen der Rasse.

Das Haflinger Pferd auf öffentliche Auftritte vorzubereiten, ist eine ausgesprochen

Haflinger sind sehr lernfreudig und eignen sich deshalb besonders für alle Schauvorführungen wie hier Zirkuslektionen. Foto: Peter Prohn

Haflinger Pferde sind nicht leicht aus der Ruhe zu bringen. Auch ungewöhnliche Aufgaben wie hier das Tragen einer Sänfte meistern sie gelassen.
Foto: Denise Senkhorst-Wulf

lohnende Freizeitbeschäftigung, denn es ist der Rasse dienlich, wenn das Publikum ein Haflinger Schaubild als besonders gelungen in Erinnerung behält.Ob es nun Haflinger Quadrillen, Freiheitsdressuren, Zirkuslektionen oder Fahrschulen sind, der Kreativität der Haflingerfreunde sind keine Grenzen gesetzt. Der Haflinger ist stets bereit, Neues zu lernen. Überdies besitzt er eine schnelle Auffassungsgabe und wird deshalb rasch Fortschritte machen.

Erreicht das Schaubild dann Vorführreife, wird der Hafi trotz aller Späßchen am Rande immer wissen, wann es darauf ankommt, und es genießen, im Rampenlicht zu stehen.

Noch mehr Unternehmungen mit Haflingern

Vor allem in den Alpenländern ist der Haflinger bei allen Festumzügen dabei. Kutsch- und Schlittenfahrten sind willkommene Touristenattraktionen. Das Skijöring im Winter gilt als besonderer Spaß. Dabei wird ein Skiläufer von einem gerittenen Haflinger gezogen. Haflinger-Rennen sind in Südtirol keine Seltenheit, wobei sogar Wetten auf die „Haflinger Rennmäuse" abgeschlossen werden.

Mit einem Schlitten durch die verschneite Landschaft, davor zufrieden schnaubende Haflinger Pferde - der Traum eines jeden Winterurlaubers.
Foto: Haflinger Pferdezuchtverband Tirol

Kinder lieben die niedlichen Haflinger Fohlen. Foto: Pony-Park Padenstedt, Wolfgang Kreikenbohm

Ferien mit Haflingern

Ihre Kinder oder Sie selbst lieben Haflinger, Sie haben aber nicht die Möglichkeit, selbst einen Haflinger zu halten? Sie möchten gemeinsam mit einem blondmähnigen Freizeitkameraden fremde Landstriche erkunden? Sie gehören zu den Menschen, die auch im Urlaub nicht auf ihre Lieblingsrasse verzichten möchten? Dann werden Sie früher oder später Urlaub auf einem Haflingerhof machen wollen. Haflinger sind die idealen Schulpferde für Ferienhöfe. Mit ihrem liebenswerten Wesen, ihrem gutmütigen, ruhigen Charakter und dem hübschen Aussehen erobern sie schnell die Herzen der Feriengäste. Gut ausgebildete Haflinger machen alles mit und sind robust und clever genug, Anfängerfehler zu verzeihen. Gleichzeitig kann man mit ihnen anspruchsvollen Reitunterricht für Fortgeschrittene gestalten.

Bei der Auswahl eines geeigneten Ferienhofes interessieren zunächst natürlich der

Standort und die Anlage. Begrüßenswert ist es, wenn der Ferienhof landschaftlich schön gelegen inmitten der Natur zu finden und dennoch verkehrstechnisch gut zu erreichen ist. Reizvoll ist eine landschaftlich abwechslungsreiche Umgebung mit vielen Reitwegen ohne regen Autoverkehr. Für den Reitunterricht sollten ausreichend Reitplätze vorhanden sein. Reithallen gewährleisten witterungsunabhängigen Ferienspaß.

Auch zu einem pferdigen Urlaub gehört die Erholung in und am Wasser. Wo nach der Reitstunde ein erfrischendes Bad im hofeigenen See oder angrenzenden Fluß, ein Ausritt am Meer oder gar „Baden mit dem Haflinger" möglich ist, genießt man den Urlaub noch mehr.

Von entscheidender Bedeutung ist, wie viele Stunden pro Tag jeder Gast reiten darf. Es gibt tatsächlich „Reiterhöfe" - die sich auch als solche bezeichnen - wo jeder Gast nur maximal ein bis zwei Stunden täglich auf dem Pferderücken verbringen kann. Für ein reitbegeistertes Kind wäre das sicherlich nicht der richtige Hof.

Im Idealfall erhält jeder Gast für die Dauer des Urlaubs ein „eigenes" Haflinger Pferd. So kann er eine Beziehung aufbauen zu seinem Pferd, übernimmt Verantwortung für dessen Wohlbefinden und beeinflußt selbst, wie lange es täglich „arbeiten" muß.

Es ist ein gutes Zeichen, wenn jederzeit mehr Haflinger zur Verfügung stehen, als Gäste aufgenommen werden, denn auf diese Weise muß niemand auf das Reitvergnügen verzichten, wenn einmal ein Pferd ausfällt. Bei der Anzahl der Pferde muß natürlich nach der Zahl der „reitbaren" Pferde gefragt werden. Was nützt es schließlich, wenn bei 20 Feriengästen 10 Mutterstuten mit ihren Fohlen zum Hof gehören? Reiten können dann immer nur 10 Gäste!

Wichtig ist auch die Frage: Wo kommen die Haflinger her? Sind sie schon lange auf dem Hof, möglicherweise sogar schon hier geboren und mit Kindern aufgewachsen? Dann spricht das für ihren Charakter als erprobte, zuverlässige Ferienhofpferde. Wenn dagegen ständig eine große Zahl gerittener Haflinger zum Verkauf steht, ist das möglicherweise ein Indiz dafür, daß die Pferde hier wahllos eingekauft, ausprobiert und ein Großteil schließlich weiterverkauft wird oder daß viele Pferde „verbraucht" werden.

Ganz entscheidend für die Wahl des richtigen Ferienhofes sind - insbesondere für Kinder - die Sicherheitsaspekte. Grundvoraussetzung für gefahrlosen Umgang mit Pferden sind Ordnung und ein guter Pflegezustand der Anlagen und Ausstattung. Außerdem sollte Reitkappenpflicht bestehen, die Gruppen sollten nicht mehr als fünf bis sieben Personen umfassen und ganztägig betreut werden. Die Auswahl, welcher Reiter welchen Haflinger erhält, muß von erfahrenen Ausbildern vorgenommen werden und die individuellen Reitkenntnisse und Fähigkeiten der Gäste berücksichtigen. Auch die Haltung der Haflinger wird zum Sicherheitsfaktor, wenn man bedenkt, daß der Haflinger, der nach der Reitstunde auf der Weide „seiner Wege geht", gewiß ausgeglichener ist als derjenige, der die „arbeitsfreien" Stunden des Tages in der Box oder gar im Anbindeständer verbringt.

Reit- und Springunterricht, Ausritte, Reiterspiele, Voltigieren, Theorie und Bodenarbeit - schon die Beschäftigung mit dem Pferd sollte vielseitig sein, damit aus dem Reiterurlaub Traumferien werden. Auch beim Freizeitangebot neben dem Reiten trennt sich die Spreu vom Weizen der Ferienhöfe. Schließlich soll der im Prospekt so vielversprechend angepriesene Hof sich nicht als „Luftschloß" entpuppen. Fernseh- oder Videoabende kann jeder anbieten - Knopfdruck genügt. Aber wo „Spiel ohne Grenzen", Lagerfeuerabende, Nachtwanderungen, Kinderzirkus, Wettbewerbe mit selbstgetexteten Liedern, Pflanzenerkennen und Tierstimmenraten im Wald sowie Heubodenfeiern auf dem Programm stehen und zum kreativen Mitmachen anregen, bringt der Reiturlaub noch mehr Spaß.

Ein besonderes Ferienerlebnis: Baden mit Haflinger Pferden. Foto: Ali Khandriche

Haflinger sind ideale Ferienhof-Pferde: für Anfänger und Fortgeschrittene gleichermaßen geeignet. Foto: Pony-Park Padenstedt, Wolfgang Kreikenbohm

Von Vorteil ist es daher, sich einen Hof mit langjähriger Erfahrung auszusuchen. Wer in der Reiterferien-Branche über eine längere Zeit erfolgreich ist, muß Gutes leisten.

Das Bein auf dem Rücken des „Gegners“ drückt Überlegenheit aus. Foto: Denise Senkhorst-Wulf

Die Körpersprache des Haflingers

Haflinger „sprechen“ eine sehr deutliche Sprache. Wer sich mit ihnen beschäftigt, wird sehr bald feststellen, daß sie nicht nur wiehern, schnauben oder freundlich brummeln, also sich mit Lauten äußern können, sondern auch noch viele andere Ausdrucksformen nutzen. Die Augen, die Ohren, die Nüstern, der Schweif, die Beine, kurz, der ganze Körper kommt dabei zum Einsatz. Der Haflinger macht von diesen Ausdrucksformen reichlich Gebrauch, so daß man mit ein bißchen Erfahrung auf Anhieb erkennt, wie der Haflinger sich fühlt oder was er vorhat.

Als Besitzer, Reiter oder Pflegemädchen kann man sich nur freuen über ein Pferd, das sehr deutlich in seiner Ausdrucksweise ist, denn so wird man beispielsweise auf Krankheiten oder Gefahren frühzeitig hingewiesen.

Menschen, die diese Signale des Körpers mißachten, haben oftmals Probleme mit dem Haflinger, weil sie ihn gar nicht oder falsch verstehen.

Wiedersehensfreude

Kommt der Haflinger mit nach vorn gerichteten Ohren fröhlich wiehernd oder brummelnd auf Sie zugetrabt, freut er sich, daß er Sie (oder vielleicht den mitgebrachten Futtereimer?) sieht.

Das Kraulen unter Haflingern dient der Fellpflege und als Sympathiebeweis. Foto: Denise Senkhorst-Wulf

Ablehnung

Geht er jedoch mit eng an den Kopf angelegten Ohren, nach vorne gerecktem Kopf und gebleckten Zähnen auf ein anderes Pferd der Herde zu, verschafft er sich Respekt, straft oder warnt vor dem gleich folgenden Tritt oder Biss.

Das Putzgesicht

Richtig genießen kann der Haflinger es, geputzt oder gekrault zu werden. Dann macht er die Oberlippe ganz lang, wiegt den Kopf leicht auf und ab und dreht dem Putzenden oder Kraulenden (letzteres kann auch ein Pferd sein) genau jenen Körperteil zu, an dem er gekrault werden möchte. Daß der Haflinger dabei sogar manchmal beginnt, den Menschen als Gegenleistung auch mit den Nüstern zu kraulen, ist eine natürliche Reaktion. In der Herde zeigen sich die Pferde auf diese Weise, wo und wie stark sie gekrault werden möchten. Man sollte seinem Haflinger aber möglichst früh beibringen, daß Menschen das nicht mögen. Sonst kann es schmerzhaft werden, wenn der Haflinger auch mal zukneift, eigentlich nur um selbst noch stärker gekrault zu werden.

Wälzen

Haflinger wälzen sich gern und ausgiebig. Das Wälzen dient der Fellpflege und verschafft dem Haflinger Entspannung. Wenn er nach getaner Arbeit wieder auf die Weide oder den Auslauf zurückkommt, juckt das verschwitzte Fell, und nichts ist schöner, als sich im Sand zu wälzen.

Sandkörner und abgestorbene Haare schüttelt der Haflinger gleich danach aus dem Fell. Dieses Schütteln, das durch den ganzen Körper geht, ist ein Zeichen für Wohlbefinden.

Wenn Haflinger sich dagegen vor Schmerzen wälzen, wie zum Beispiel bei einer Kolik, bleibt das Schütteln nach dem Wälzen aus oder sie schütteln nur Kopf und Hals.

Beim Reiten

Geht der Haflinger locker und entspannt voran, trägt er den Schweif leicht erhoben. Hängen die Schweifhaare dagegen eingeklemmt zwischen den Hinterbeinen und liegt die Schweifrübe eng am Körper an, ist das ein Zeichen für Verspannung.

Vielleicht hat der Haflinger Angst oder Schmerzen im Rücken. Zusätzliches Schweifschlagen ist ein weiteres Zeichen für Unbehagen. Möglicherweise wehrt der Haflinger sich gegen die Sporen oder der Sattel paßt nicht. Werden diese Signale nicht beachtet, kann der Haflinger deutlicher werden und schließlich sogar buckeln.

Kopfschlagen kann auf Probleme im Maul hinweisen. Vielleicht paßt das Trensengebiß nicht oder der Haflinger hat Probleme mit den Zähnen. Mit dem Kopfschlagen kann er sich auch gegen eine zu harte Reiterhand oder einen zu engen Stirnriemen wehren, der an den Ohren drückt.

Der Augenausdruck

Weit aufgerissene Augen signalisieren Aufregung, halb geschlossene Augen dagegen Müdigkeit oder Entspannung. Alle Stimmungslagen drücken sich auch im Auge des Haflingers aus. Wenn man ihn lang genug kennt, lernt man, die individuelle „Sprache" seines Haflingers zu verstehen.

Gesundheitsproblemen vorbeugen

Haflinger sind bekannt dafür, daß sie relativ selten krank werden. Die beste Vorbeugung gegen jegliche Art von Krankheiten ist eine artgerechte Haltung, das heißt ganzjährige Haltung im Offenstall in Pferdegesellschaft bei freiem Auslauf und täglicher Bewegung. Der Haflinger zeigt es meistens deutlich, wenn es ihm schlecht geht. Ein sehr deutliches Indiz dafür, daß etwas nicht in Ordnung ist, ist Appetitlosigkeit. Will ein Haflinger nicht mehr fressen, dann muß es ihm schon schlecht gehen!

Außerdem ist der kranke Haflinger ungewohnt teilnahmslos, läßt den Kopf und die Ohren hängen, sein natürlicher Spieltrieb kommt abhanden, die Augen sind matt, das Fell glänzt nicht und gelegentlich stöhnt er sogar.

So mancher Haflinger versucht, den Menschen durch leises Anwiehern auf seinen Zustand aufmerksam zu machen. Und schließlich hat jede Krankheit ihre eigenen Ausdrucksformen, wie zum Beispiel das Wälzen bei Kolik.

Dem kranken Pferd helfen die Anwesenheit und Fürsorge der Bezugsperson, schneller wieder gesund zu werden. Haflinger sind „zähe Burschen", es gibt so manchen Bericht über Haflinger Pferde, die die Tierärzte schon aufgegeben hatten und die sich überraschenderweise doch erholten und wieder voll einsatzfähig wurden.

Selbst auf kargen Hochalmen finden Haflinger Pferde ausreichend Gräser und Kräuter.
Foto: Haflinger Pferdezuchtverband Tirol

Wenn Genügsamkeit zum Verhängnis wird

Der Haflinger stammt aus den Bergen Tirols, und auch heute noch verbringen viele Haflinger den Sommer in Freiheit auf den Almen, wo sie ständig Bewegung haben auf der Suche nach den leckersten Grashalmen und Kräutern. Diese Haltung hat sie über Jahrzehnte robust, widerstandsfähig und genügsam gemacht. Aber gerade diese Leichtfuttrigkeit (manche behaupten, der Haflinger werde schon dick, wenn er einen Grashalm nur ansieht), kann leicht zum Verhängnis werden, dann nämlich, wenn der Eiweißanteil im Futter zu hoch ist.

Wenn der Eiweißüberschuß, der zum Beispiel bei zu großen Mengen an frischem Gras, bei zu viel Hafer oder eiweißreichem Kraftfutter entsteht, vom Organismus nicht verbraucht wird, kann der Haflinger krank werden. Eine mögliche Folge des Eiweißüberschusses ist die bei robusten Ponyrassen relativ häufig auftretende Hufrehe. Dabei entlastet das Pferd die Vorderbeine, steht

Auch heute noch verbringen viele Haflinger den Sommer in freier Natur auf einer Alm. Foto: Dr. Helga Kretzschmar

quasi „nach hinten gelehnt", bewegt sich nur ungern und steif und hat heiße Hufe. Dann ist strenge Diät bei Wasser und Stroh angesagt, mehrmaliges Kühlen der Beine täglich und entzündungshemmende Mittel vom Tierarzt. Ein Pferd, das einmal an Hufrehe erkrankt war, ist besonders anfällig für diese Erkrankung, so daß es zeit seines Lebens besonders umsichtig gefüttert werden muß.

Eine vorbeugende Maßnahme kann das Portionieren von Weiden sein. Allerdings ist es natürlich mehr Aufwand, dem Haflinger täglich einen kleinen Streifen Gras zum Abweiden hinzu zu geben. Eine einfache und vielfach praktizierte Maßnahme, den Rohfaseranteil im Futter zu erhöhen und damit das Verhältnis Eiweiß zu Rohfaser zu verbessern, ist das Zufüttern von Heu oder Stroh auch während der Weideperiode. Viele Haflinger werden heute auf einem Sandauslauf gehalten mit kontrolliertem Weidegang stundenweise. All diese Maßnahmen helfen auch, Übergewicht zu vermeiden, das Gelenke und Beine sowie den gesamten Organismus schädigt und besonders für junge Pferde im Wachstum schwere Spätfolgen haben kann. Der Haflinger hat naturgemäß einen enormen Appetit. Dabei kann mancher recht wahllos werden und bei Hunger oder Langeweile auf stark abgegrasten Weiden Grashalme „mit Stumpf und Stiel" verspeisen, das heißt inklusive der sandigen Wurzeln. Das gleiche gilt für vereinzelte Halme, die auf Sandausläufen wachsen oder an deren Rändern. Der Haflinger entwickelt unglaubliches Geschick und macht die unmöglichsten Verrenkungen, wenn es darum geht, den letzten Grashalm zu erhaschen. Aufgenommener Sand lagert sich aber in den Darmfalten ab und wird nicht auf dem natürlichen Weg mit dem Kot wieder ausgeschieden. Die so gebildeten „Darmschlaufen" können sich zum Beispiel beim Wälzen leicht um den Darm wickeln. Es kommt zur Darmverschlingung und Sandkolik. Wie bei jeder Kolik sollte sofort der Tierarzt gerufen werden. Vorab kann man die Diagnose erleichtern, indem man den Kot auf Sand untersucht.

Haflinger, die sich langweilen, können auch absichtlich den Sand aus ihrem Auslauf fressen oder auf der Weide „Sand lecken". Ein Mineralstoffmangel begünstigt dieses Verhalten. Frißt der Haflinger zu hastig zu viel Stroh, kann es zu einer Schlundverstopfung oder Verstopfungskolik kommen. Hastig gefressene Grassilage, viel frisches Gras oder leicht verdorbenes Futter können Gaskoliken verursachen.

Gras aus dem Rasenmäher, schimmeliges Brot, angefaulte Möhren und Küchenreste gehören nicht in die Futterkrippe, sie machen Pferde krank. Wenn die Fütterung umgestellt werden muß, zum Beispiel beim ersten Weidegang im Frühjahr, muß dies ganz langsam erfolgen (beispielsweise täglich eine halbe Stunde länger), weil sich der Verdauungsapparat nicht von heute auf morgen an die Veränderung anpassen kann.

Trockener Untergrund

Der Haflinger soll möglichst ganzjährig im Offenstall gehalten werden, damit er gesund bleibt. So bleiben ihm viele der Zivilisationskrankheiten erspart, mit denen viele Boxenpferde heute zu kämpfen haben. Aber auch bei dieser gesunden Haltungsform können einige typische Probleme auftauchen. Sie sind jedoch vermeidbar, wenn man die Ursachen kennt!

Die Einstreu im Offenstall muß immer trocken sein, und der Auslauf oder die Weide dürfen auch in der kalten Jahreszeit nicht tagelang matschig sein, sonst kommt es leicht zu Mauke, einer nässenden, entzündeten Wunde in der Fesselbeuge. Um Mauke zu vermeiden, muß die Fesselbeuge trocken gehalten werden und die Fesselhaare sollten, insbesondere in der feuchten Jahreszeit, nicht abgeschnitten werden, denn sie bieten Schutz gegen Feuchtigkeit und Parasiten.

Regelmässige Wurmkur

Haflinger müssen regelmäßig mindestens zweimal jährlich entwurmt werden, denn zu starker Wurmbefall macht krank. Dabei ist es besonders wichtig, die gesamte Herde gleichzeitig zu entwurmen, da sich sonst ein Haflinger beim anderen anstecken kann. Jungpferde benötigen häufiger Wurmkuren als erwachsene Pferde. Am besten bespricht man den Entwurmungsplan für das ganze Jahr vorab mit dem Tierarzt, denn das Präparat muß öfter gewechselt werden, weil die Parasiten sonst Resistenzen bilden könnten.

Impfungen

Welche Impfungen angebracht sind, ist regional unterschiedlich und sollte ebenfalls mit dem Tierarzt abgesprochen werden. Übliche Impfungen für Haflinger sind die Impfung gegen Influenza, gegen Tetanus und gegen Tollwut, in Zuchttierbeständen zusätzlich gegen Virusabort.

Schwitzen und Frieren

Solange das dicke Winterfell des Haflingers nach dem Ausritt noch feucht ist, darf man ihn nicht nach draußen stellen. Erst wenn er wieder trocken und sein getrocknetes Fell aufgebürstet worden ist, besteht nicht mehr die Gefahr einer Erkältung.

Die Augen

Den oft üppigen Schopf des Haflingers sollte man nicht kürzen. Er schützt die Augen vor Fliegen und Ungeziefer. Wenn sich trotzdem viele Fliegen am Auge des Haflingers zu schaffen machen, sollte man einen Fliegenschleier am Halfter anbringen, sonst beginnen die Augen zu tränen. Tränende Augen können auch von einer Verstopfung im Tränen-Nasenkanal herrühren. Hier kann der Tierarzt mit einer Spülung helfen.

Sommerekzem

Leider macht das Sommerekzem auch vor der Rasse der Haflinger nicht halt, wenngleich Haflinger weniger häufig betroffen sind als so manche robuste Ponyrasse. Die betroffenen Pferde scheuern hauptsächlich Mähnenkamm und Schweifrübe und in schweren Fällen auch die Bauchnaht, und zwar besonders morgens oder abends in der Dämmerung, wenn die Kriebelmücken unterwegs sind.

Bei Pferden mit einer allergischen Anfälligkeit lösen diese Kriebelmücken einen Juckreiz aus. Betroffene Pferde bringt man am besten zur Flugzeit der Kriebelmücken in den Stall.

Für die weitere Behandlung gibt es kein Patentrezept. Besitzer von betroffenen Haflingern müssen zusammen mit dem Tierarzt selbst ausprobieren, welches Mittel bei ihrem Haflinger die beste Wirkung zeigt.

Hausmittel für Haflingerfreunde

Wer Pferde hält, hat mit der Zeit so seine ganz persönlichen Methoden und Tricks, „Wehwehchen und Problemchen" zu Leibe zu rücken. Hier folgen nun einige der üblichen Hausmittel aus der Haflingerszene ohne wissenschaftliche Absicherung.

Sie sollen nur als Anregung dienen und ersetzen natürlich nicht den Rat des Tierarztes.

· Ein Schuß Obstessig in die Wassertonne verleiht dem Fell Glanz und hält im Sommer die Fliegen vom Pferd fern. Erfrischend und ungezieferabweisend ist im Sommer auch eine kühlende Abreibung mit einer Mischung aus Obstessig und Wasser im Verhältnis 1:4.

· Manche Haflinger fressen Knoblauchzehen. Das so gefütterte Pferd wird von Insekten gemieden.

· Mauke wird mit Lebertran-Zink-Salbe eingecremt.

Herrlich, ein frischer Galopp in der Wintersonne!
Foto: Haflinger Pferdezuchtverband Tirol

· Ein kleiner Schuß Speiseöl, übers Futter gegeben, ist sehr vitaminhaltig und sorgt für glänzendes Fell.

· Bei Strahlfäule behandelt man die betroffenen Stellen mit Jodoformäther.

· Bei Husten bringen Kräutermischungen wie das Vorarlberger Hustenpulver Erleichterung. Bei Schnupfen wird das Sekret besser gelöst, wenn man die Nüsternränder leicht mit Produktern wie Wick-Wapurup oder Babix fürs Baby eincremt.

· Sommerekzem bekämpfen manche Haflingerfreunde mit Seealgen-Präparaten als Zusatzfuttermittel. Erleichterung bringt möglicherweise auch eine Waschung mit Sebacil-Hundeshampoo.

· Klettenwurzelöl und Teebaumöl beruhigen und glätten die gereizte Haut. Gegen Juckreiz hilft Ballistol-Waffenöl.

Foto: Denise Senkhorst-Wulf

HAFLINGER SELBER ZÜCHTEN

Ein Fohlen aus unserer Stute

Viele Haflingerbesitzer wünschen sich aus ihrer eigenen Stute ein Fohlen. Sei es, um es als Nachwuchspferd selbst zu behalten, oder um selbst einmal das Wunder der Geburt eines Haflingers und die Fohlenaufzucht zu erleben.

Mit dieser Entscheidung übernimmt man die Verantwortung für ein Leben und muß sich darüber im klaren sein, daß Haflinger bis zu 30 Jahre alt werden. Wenn man nicht sicher ist, daß man dem neuen Erdenbürger zeit seines Lebens ein gutes Zuhause bieten kann, muß man umso reiflicher überlegen, ob ein weiteres Haflinger Pferd „produziert" werden soll.

Die Zuchtverbände empfehlen, nur mit den besten Pferden einer Rasse zu züchten, denn von Zuchtfortschritt kann nur die Rede sein, wenn das Zuchtprodukt weniger Mängel aufweist als die Elterntiere. Deshalb muß jeder seine Stute objektiv betrachten und sicher sein, daß sie in Typ, Körperbau, Robustheit und insbesondere charakterlich den Anforderungen an ein Zuchttier genügt. Daß nur ein gekörter Hengst infrage kommt, versteht sich von selbst, denn Zucht bedeutet Streben nach Idealen. Natürlich müssen auch die Möglichkeiten zur artgerechten Aufzucht gegeben sein.

Kommt man bei ehrlicher Betrachtung zu dem Schluß, daß die eigene Stute doch nicht für die Zucht geeignet ist, dient der Haflinger Rasse mehr, wer bei einem renommierten Züchter ein Fohlen kauft.

Hat man alles bedacht und sich für ein eigenes Fohlen entschieden, muß man sich über die Ziele der Haflinger Zucht informieren. Welche Eigenschaften soll der Haflinger haben? Was ist rassetypisch? Anhaltspunkte geben hier die Haflinger Schauen, Körungen und Eintragungen sowie die Zuchtzielbeschreibungen des Zuchtverbandes oder der Welt-Haflinger-Vereinigung.

Ein Haflinger Fohlen aufwachsen zu sehen und an seiner Entwicklung Anteil zu haben, ist der Wunsch vieler Freunde der Rasse. Foto: Denise Senkhorst-Wulf

Der ideale Vater

Schließlich wählt man den Hengst aus, der am besten zur Stute paßt. Das bedeutet, er muß ihre Schwächen ausgleichen. Hat meine Stute einen zu kurzen Hals, wähle ich aber nicht im Gegenzug einen Hengst mit zu langem Hals und hoffe, das Fohlen werde einen mittellangen Hals haben. Ganz im Gegenteil!

Einfach gesprochen kann nur ein Vatertier mit optimalem Hals das „Gen für optimalen Hals" an das Fohlen weitergeben. Andernfalls hätte auch das Fohlen aller Wahrscheinlichkeit nach einen zu kurzen oder zu langen Hals.

Aber nicht nur Äußerlichkeiten sind entscheidend. Man sollte auch nach dem Charakter des Hengstes fragen oder sich davon selbst ein Bild machen, denn auch der Charakter wird großenteils vererbt, und schließlich wünscht sich jeder ein liebenswertes Fohlen.

„Typisch A-Linie" -Haflinger intern

In Haflinger Züchterkreisen hört man immer wieder, daß Pferden der einzelnen Hengstlinien gewisse Eigenschaften zugeschrieben werden. „Typisch A-Linie, die haben alle viel Weiß," heißt es da beispielsweise oder „Kein Wunder, daß dieser Haflinger einen so hübschen Kopf hat, er stammt ja aus der S-Linie". Wissenschaftlich fundiert sind diese Aussagen nicht. Damit Sie aber „mitreden" können, werden einige vermeintlich „typische" Charakteristika an dieser Stelle beschrieben.

In den Erhalt und Ausbau der **A-Linie** wurde in den letzten Jahrzehnten viel erfolgreiche Zuchtarbeit investiert. Sie gilt heute als besonders vererbungssicher und hat neben der N-Linie die meisten namhaften Deckhengste hervorgebracht. Pferde der A-Linie, so heißt es, sind ästhetische Bewe-

Sehr um die Erhaltung aller sieben Hengstlinien bemüht ist man in Nordtirol, wo der Pferdezuchtverband die Hengstauswahl und -aufzucht vornimmt.
Foto: Denise Senkhorst-Wulf

gungskünstler mit ausdrucksvollen Köpfen und viel Nerv, die gelegentlich zu größeren weißen Abzeichen oder Stichelhaar neigen.

„**B** steht für brauchbar oder beherrschbar", sagt man. Haflinger Pferde dieser Linie sind angeblich sehr leistungsbereit und sportlich mit ausgeprägten Reitpferdepoints. Als problematisch werden Farbe und Charme der „B-Pferde" erachtet. Da es nur noch sehr wenige gute Vertreter dieser Linie gibt, gilt es, viel Zuchtarbeit in ihren Erhalt zu investieren.

Haflinger Pferde der **M-Linie** zeigen angeblich gute Bewegungen, allerdings gelegentlich Probleme mit schwerer Halsung.

Die größte Anzahl an Deckhengsten entstammt der **N-Linie**, was für die Qualität dieser Linie spricht. Haflinger der N-Linie sind, so heißt es, sehr typvoll und harmonisch mit charmanten Köpfen und klarer Farbe.

Die **S-Linie** zählt zu den zahlenmäßig schwächsten Linien der Rasse. Den vielfach sensiblen Pferden dieser Linie werden hübsche Köpfe mit großen Augen, bisweilen aber mangelhafte Kruppen zugeschrieben.

Pferde der **St-Linie** gelten als besonders rittig mit guten Bewegungen und Springtalent, allerdings auch als starke Persönlichkeiten, die bisweilen etwas schwierig im Umgang sein können. Außerdem werden dieser Linie Farbprobleme wie gräuliches Deckhaar und „Edelflecken" nachgesagt.

Die **W-Linie** bringt angeblich großrahmige Pferde mit schönen Köpfen hervor, aber es heißt auch, „W" stünde für „weiß", also unerwünscht viel weiße Abzeichen an Kopf und Beinen oder Stichelhaar.

Wer selbst noch keine Erfahrung mit der Zucht hat, wird dieses Vorhaben nicht ohne erfahrene Begleitung und Beratung unternehmen wollen. Erfahrene Hengsthalter können hier wertvolle Dienste leisten. Es ist also von Vorteil, wenn der Hengsthalter seine Hilfe von der Auswahl des Hengstes an über die Bedeckung oder Besamung, die Zeit der Trächtigkeit, die Geburt und Aufzucht hinaus, eventuell sogar bis zur Vermarktung des Fohlens anbietet.

Die Bedeckung

Der Stutenbesitzer muß entscheiden, ob seine Stute im Natursprung gedeckt oder aber künstlich besamt werden soll.

Bei der Weidebedeckung lebt ein Hengst für eine gewisse Zeit mit einer Stutenherde auf der Weide. Jede Stute bleibt dabei mindestens noch drei Wochen nach der ersten Rosse in der Herde, damit man beim nächsten errechneten Rossezeitpunkt sieht, ob sie aufgenommen hat oder weiter gedeckt werden muß.

Wie oft sich die Zusammensetzung der Herde ändert (bei jeder neuen Stute, alle drei Wochen, nur eine Herde pro Jahr), liegt im Ermessen des Hengsthalters.

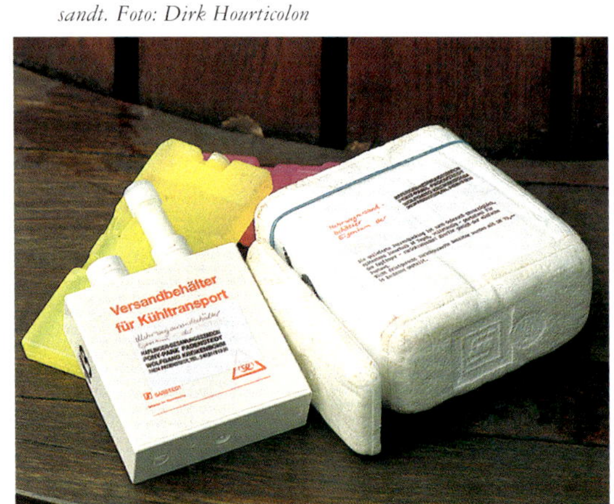

Haflinger Hengstsamen „frei Haus"; in diesen kleinen Packungen wird Frischsperma nur von besten Vätern versandt. Foto: Dirk Hourticolon

Die Weidebedeckung ist die natürlichste Form der Bedeckung mit einer hohen Trächtigkeitsrate. Schließlich werden dabei über einen längeren Zeitraum alle Sinne der Stuten angesprochen. Allerdings birgt sie relativ hohe Risiken für die Gesundheit und Unversehrtheit der Pferde. Es kommen viele Haflinger Stuten von verschiedenen Züchtern zusammen, die sich fremd sind und deshalb zunächst eine Rangordnung erkämpfen müssen und sich außerdem gegenseitig mit Krankheiten anstecken können.

Die meistpraktizierte Art der Bedeckung ist der sogenannte **Sprung an der Hand**. Hier werden Stute und Hengst, von zwei Personen am Halfter geführt, nur für den Deckakt zusammengebracht. Um das Verletzungsrisiko durch Tritte für den Hengst und die führende Person zu verringern, wird der Stute dabei in aller Regel wenigstens ein Hinterbein gefesselt. Die Stute wird dem Hengst während der Rosse mehrmals zugeführt und bleibt entweder für diese Zeit auf der Hengststation oder wird mehrfach dorthin gefahren.

Bei der **künstlichen Besamung** mit Frischsperma samt der Hengst in eine künstliche Scheide ab. Die Stute wird im heimatlichen Stall vom Tierarzt oder Besamungstechniker besamt. So entfällt für sie der Streß durch den Transport zum Hengst und die Anpassung an die fremde Umgebung sowie die Ansteckungsgefahr im fremden Stall. Gefragte Hengste werden bei dieser Methode geschont, weil aus nur einem Sprung vier bis fünf Portionen gemacht werden können.

Die Trächtigkeitsrate, das heißt die Zahl der Stuten, die tatsächlich tragend wird bezogen auf die Zahl der besamten Stuten, ist hoch, sie gilt sogar als höher als beim Natursprung. Auch mit tiefgefrorenem Sperma kann besamt werden, wegen des sensiblen Auftauverfahrens liegt die Trächtigkeitsrate jedoch deutlich unter der der Frischspermabesamung.

Ein wesentlicher Vorteil der künstlichen Besamung besteht darin, daß die Hengstauswahl unabhängig von Entfernungen erfolgen kann. Wenn der am besten geeignete Hengst 1000 km oder mehr entfernt steht - kein Problem! Weite Transportwege, die man der Stute nicht zumuten möchte und die gewiß bei so mancher frisch tragenden Stute schon auf dem Heimweg zum Resorbieren (Absterben der Frucht) führen würden, legt die Spermaportion gut verpackt in viel kürzerer Zeit zurück.

Die europaweit erste Besamungsstation für Haflinger Hengste wurde 1996 in Padenstedt eingerichtet.

Die Erfahrungen der ersten Jahre mit der künstlichen Besamung in der Haflingerzucht sind äußerst positiv. Die Trächtigkeitsraten sind gut und viele Haflinger Züchter, die erste Erfahrungen mit der künstlichen Besamung gesammelt haben, sind dieser Methode treu geblieben.

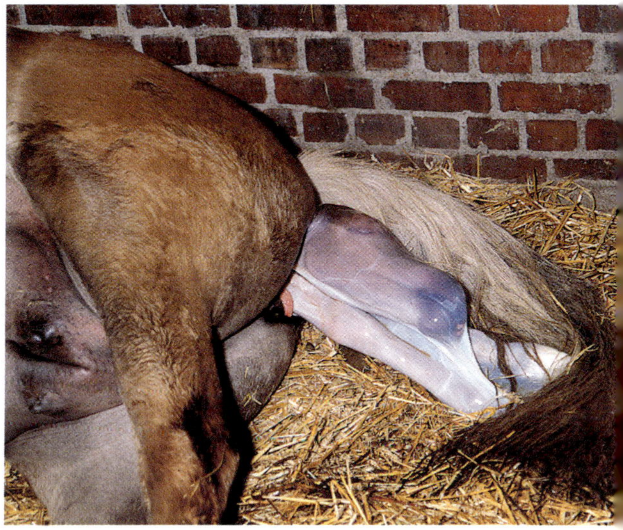

Nur selten bekommt jemand die Chance, einer Fohlengeburt zuzusehen, denn Haflinger Stuten fohlen am liebsten allein und können sogar die Geburt hinauszögern. Foto: Peter Prohn

Trächtigkeit, Geburt und die ersten Lebenstage

Das Abenteuer Fohlengeburt füllt ganze Bücher. Da Haflinger in ihrer gesamten Ausdrucksform besonders deutlich sind, werden dem aufmerksamen Stutenbesitzer Veränderungen, die von der Trächtigkeit ausgelöst werden, auffallen.

Die Stute verändert sich vielleicht schon in den ersten Wochen ihrer Trächtigkeit: ihr Ausdruck, ihr Temperament, ihre Anhänglichkeit.

Mancher Haflinger Züchter, der seine Stute sehr gut kennt, kann schon nach nur drei Wochen auch ohne tierärztliche Untersuchung mit Bestimmtheit sagen, ob seine Stute aufgenommen hat oder nicht.

Die eine wird besonders anlehnungsbedürftig, die andere besonders abweisend, die individuelle Reaktion fällt sehr unterschiedlich aus.

Haflinger Stuten sind gute Mütter, die sich rührend um ihr Fohlen kümmern. Foto: Peter Prohn

Wegen ihrer langen Beine haben Haflinger Fohlen in den ersten Lebenstagen häufig Mühe, am Gras zu naschen.
Foto: Susanne Feddersen

Insgesamt werden Haflinger Stuten durch die Trächtigkeit ruhiger. Trotzdem können sie, wenn sie im Training bleiben, bis zum letzten Tag geritten und gefahren werden, gewissermaßen als „Schwangerschaftsgymnastik". Problematisch wird es höchstens, den runden hochtragenden Damen den Sattel oder das Fahrgeschirr anzulegen.

Haflinger Stuten fohlen im allgemeinen sehr leicht und am liebsten allein. Dennoch sollte man die Geburt im Auge behalten, um im Notfall, aber auch nur dann, einzugreifen. Als Fluchttiere besitzen Pferde die Fähigkeit, die Geburt zu verzögern. Haflinger haben ein besonderes Gespür dafür, für die Geburt genau die halbe Stunde zwischen zwei Kontrollbesuchen des Besitzers auszuwählen.

Bei der ersten Begrüßung des Fohlens durch die Mutterstute wird man überrascht sein, zu welchen Lautäußerungen Haflinger Stuten fähig sind, so groß ist die Freude. Sie sind gute Mütter, die sehr aufmerksam über ihr Fohlen wachen, es aber vertrauensvoll auch dem Menschen überlassen. So mancher Haflingerfreund erlebt bei der ersten Geburt einen Schock, wenn das Fohlen völlig cremeweiß zur Welt kommt. Keine Angst, daraus wird in wenigen Wochen eine Fuchsfarbe. Demgegenüber kann eine anfangs rötliche Mähne später weiß auswachsen.

Häufig müssen Haflinger Fohlen in den ersten Lebenstagen die unmöglichsten Verrenkungen machen, um ein bißchen Gras zu naschen. Ihre Beine sind im Verhältnis zum Körper und zum Hals anfangs einfach zu lang. Zunächst behelfen sie sich, indem sie in den Vorderfußwurzelgelenken tief einknicken. Später stellen sie ein Bein weit vor, das andere zurück. Aber schon bald wachsen die Proportionen sich zurecht und das Haflinger Fohlen kann „ganz normal" fressen.

„Hier bei uns in Tirol ist das Haflinger Pferd der Mittelpunkt der Familie. Haflinger sind ruhiger und ausgeglichener als Pferde anderer Rassen, und ich glaube, das ist der Grund, weshalb sie so gut zu ihrem Ursprungsgebiet im Gebirge passen und sich von hier aus so erfolgreich in alle Welt verbreiten."

•

Hans Strobl, Imst/Nordtirol
Obmann des Haflinger Pferdezuchtverbandes Tirol

Mittagsruhe auf der Stutenkoppel. Foto: Denise Senkhorst-Wulf

Haflinger Fohlen brauchen Gleichaltrige Partner zum Spielen. Foto: Denise Senkhorst-Wulf

Haflinger in der Aufzucht

Sie besitzen eine große Weide mit stabiler Einzäunung, die auch im Winter nicht zu naß ist? Darauf ein Offenstall mit trockener Einstreu? Auf Ihrer Weide ist eine natürliche Wasserquelle oder Sie haben die Möglichkeit, täglich Frischwasser dorthin zu bringen? Ausreichend Stroh, Heu oder Heulage sind auch vorhanden? Falls doch einmal eine Frage auftaucht, die über Ihre bisherige Erfahrung mit Pferden hinausgeht, wissen Sie immer, an wen Sie sich wenden können? Nun, dann sind Sie prädestiniert, eine kleine Herde junger Haflinger in Aufzucht zu nehmen.

Ganz wichtig ist die Gesellschaft gleichaltriger Pferde gleichen Geschlechts, möglichst in einer durch zwei teilbaren Anzahl, damit sich Freundschaftspaare bilden können. Wenn Sie nun noch für regelmäßige Entwurmungen und Impfungen sowie Besuche durch den Hufschmied sorgen, werden die robusten Haflinger bei Ihnen wachsen und gedeihen.

Haflinger Jungpferde an einem natürlichen Wasserlauf. Foto: Denise Senkhorst-Wulf

Stationen im Leben eines Haflingers

Der erste grosse Tag: die Fohleneintragung

Wird ein Fohlen geboren, das von einem bei einem Zuchtverband als Deckhengst anerkannten Haflinger Hengst abstammt, muß der Fohlenbesitzer die Geburt beim Zuchtverband melden. Dazu hat er schon elf Monate zuvor bei der Bedeckung oder Besamung der Stute ein Formular zur Geburtsmeldung erhalten, das alle wichtigen Daten wie Name und Lebensnummer des Hengstes und der Stute, Deck- beziehungsweise Besamungsstermine und so weiter enthält.

Der Zuchtverband schickt dem Fohlenbesitzer dann eine sogenannte „Brennkarte", die er zur Fohleneintragung, das heißt zur Aufnahme des Fohlens in den Zuchtverband, mitbringen muß. Wann und wo diese stattfindet, erfährt man ebenfalls vom Zuchtverband.

Bei der Fohleneintragung wird das Haflinger Fohlen einer Beurteilungskommission des Zuchtverbandes vorgestellt, damit es einen Abstammungsnachweis, den Pferdepaß, erhält. Der Pferdepaß enthält die für die Identifikation des Pferdes so wichtigen Daten wie Lebensnummer, Abstammung, Farbe, Kopf-und Beinabzeichen, besondere Kennzeichen wie Wirbel, Name und Adresse des Züchters und Besitzers. Einen Pferdepaß sollte jeder Haflinger haben, ob er nun für die Zucht vorgesehen ist oder nicht, schon allein, um auch nach Jahren noch das genaue Alter nachweisen zu können.

Bei der Fohleneintragung erhält das Fohlen außerdem das Brandzeichen des eintragenden Verbandes. Zum Brandzeichen gehört im allgemeinen ein Nummernbrand, der auch im Pferdepaß vermerkt ist, damit die Papiere lebenslang eindeutig einem Pferd zugeordnet werden können. Statt eines Brandzeichens werden heute bei manchen Verbänden auch Mikrochips injiziert (das heißt, sie werden mit Hilfe einer Spritze in das Pferd eingesetzt). Mit einem Lesegerät kann dann die Lebensnummer des Pferdes und somit seine Identität eindeutig ermittelt werden. Brandzeichen und Mikrochip dienen damit der Diebstahlsicherung.

Die Fohleneintragungskommission bewertet, inwieweit das Fohlen dem Zuchtziel des Haflingers entspricht, und vergibt an besonders gute Fohlen „Fohlenprämien" als Anerkennung für den Züchter.

Wenn das Haflinger Fohlen etwas Fremdes erblickt, ist die Mutterstute immer in der Nähe. Foto: Ali Khandriche

Die Vorbereitung

Wie bei jedem öffentlichen Auftritt mit einem Haflinger sollte man das Fohlen für die Eintragung gut vorbereiten, denn es gibt nur eine Chance für den ersten Eindruck! Einem gut erzogenen und gut gepflegten Haflinger ist jede Jury eher gewogen als dem Rüpel, dem anzusehen ist, daß sein Besitzer sich mit dem Putzen keine

Für Turniere und Schaunummern kann die herrliche Mähne zu tollen Frisuren geflochten werden. Foto: Denise Senkhorst-Wulf

Foto: Denise Senkhorst-Wulf

Mühe macht. Bei einer Fohleneintragung erscheinen viele Stuten und Fohlen.

Alle sind in der fremden Umgebung aufgeregt, die Fohlen neugierig, die Mütter besorgt um ihre Kleinen. Allzu leicht kann da etwas Unangenehmes passieren.

Der umsichtige Fohlenbesitzer läßt sein Fohlen in solchen Situationen nicht frei umherlaufen, sondern führt es am Halfter oder bindet es an die Mutter an.

Eingeflochtene Schweifrübe. Foto: Denise Senkhorst-Wulf

Das Halfter darf das Fohlen aber nicht erst bei dieser Gelegenheit kennenlernen, das würde die Unfallgefahr nur noch erhöhen, weil Fohlen sich meistens anfangs dagegen wehren, festgehalten zu werden. Das Auf- und Abhalftern kann man schon in den ersten Lebenstagen üben. Dann ist das Fohlen noch verhältnismäßig einfach zu bändigen und lernt sehr schnell, daß das Halfter nichts Beängstigendes ist.

Als nächstes übt man das Anbinden und Führen. Bei der Fohlenausbildung sollte der Anfänger sich Rat bei erfahrenen Haflingerzüchtern holen, denn negative Erfahrungen im Fohlenalter können sich gerade bei so lernfreudigen Pferden wie Haflingern auf ewig einprägen.

Will man das Fohlen bei der Eintragung am Halfter führen, muß eine zweite Person die Stute führen, denn die spielfreudigen und mutigen Haflingerfohlen versuchen gelegentlich, einen anderen Weg einzuschlagen als ihre Mutter. Führt dann eine Person beide Pferde, wird es schwierig.

Einfacher ist es, das Fohlen an die Mutter anzubinden. Dazu wird der Stute ein gut sitzender Bauchgurt angelegt, an den der Strick des Fohlens angebunden ist. Man wählt zum Anbinden des Fohlens die rechte Seite der Stute, weil links die führende Person geht.

Auch das Anbinden an die Mutter muß vor dem großen Auftritt geübt werden, damit das Fohlen die Situation kennt und brav mitläuft. Bei der Vorstellung selbst sollte das Fohlen allerdings frei laufen, damit es seine Bewegungen frei entfalten kann.

Wenn es dabei nicht immer neben der Mutter herläuft, gibt es dafür keinen Punktabzug. Nach Möglichkeit soll es sich jedoch im Stand, im Schritt und im Trab präsentieren.

Das Fohlen in Topform

Hufe

Ein bis zwei Wochen vor der Veranstaltung sollte der Hufschmied kommen, um die Hufe von Fohlen und Stute zu kontrollieren.

Das darf nicht erst am Tage vor der Eintragung geschehen, denn in den ersten Tagen nach der Hufkorrektur treten Fohlen manchmal besonders vorsichtig auf. Bei der Präsentation aber soll es sich locker und leichtfüßig zeigen.

Foto: Denise Senkhorst-Wulf

Um dem Zuchtverband das Setzen des Brandzeichens oder die Injektion des Mikrochips zu erleichtern, können die Brandstelle oder die Injektionsstelle mit einem Handschergerät geschoren werden. Wer die Gepflogenheiten des jeweiligen Verbandes nicht kennt, erkundigt sich bei dessen Geschäftsstelle (Adressen im Anhang) oder bei erfahrenen Haflingerzüchtern.

Noch ein Tip:

Diese ganze Prozedur sollte am Tage vor der Präsentation erfolgen, zum einen, damit man sich Zeit lassen kann und Mähne und Schweif rechtzeitig trocken werden, und zum anderen, damit das Fohlen bei der Vorstellung nicht müde ist von all den Verschönerungsmaßnahmen an seinem Körper. Hat sich das Fohlen dann über Nacht wieder schmutzig gemacht, braucht man nur die entsprechenden Stellen nachzuputzen oder -waschen.

Wenngleich das Hauptaugenmerk der Bewertungskommission auf dem Fohlen liegt, muß die Mutterstute doch ebenso sauber und gepflegt aussehen, denn das Fohlen wird mit ihr verglichen. Ziel jeder Zucht ist es schließlich, Mängel der Elterntiere durch gezielte Anpaarung in der nächsten Generation zu vermeiden.

Mähne, Schweif und Fell

Zu einer guten Vorbereitung gehört auch das Waschen des Haflingerfohlens. Mähne und Schweif sollen ohne schmutzige und verklebte Strähnen schneeweiß strahlen. Deshalb wäscht man sie mit einem milden Shampoo (es gibt auch spezielle Pferdeshampoos) und lauwarmem Wasser. Hände weg von Entfärbern, Bleichmitteln oder blonden Haarfärbemitteln!

So mancher Haflinger hatte nach deren Einsatz schon grünes Haar oder lief gar ganz ohne Mähne und Schweif herum. Erst nach dem Trocknen in der Sonne werden Mähne und Schweif locker durchgebürstet. Sonst zieht man zu viele Haare heraus. Um Staub und Schmutz abzuweisen, kann zusätzlich ein Fellglanzspray aufgesprüht werden.

Anders als andere Rassen werden Haflinger für Eintragungen und Schauen niemals eingeflochten und die Schweifrüben nicht ausrasiert. Mähne und Schweif sollen in ihrer natürlichen Schönheit als besonderes Kennzeichen des Haflingers präsentiert werden. Nur bei Reit- und Fahrturnieren sehen die Richter es gern, wenn auch die Mähnen der Haflinger hübsch eingeflochten sind.

Das Fell des Fohlens wird gründlich durchgebürstet und mit einem weichen Tuch abgerieben, um den restlichen Staub aufzunehmen. Sehr schmutzige Stellen können mit einem Schwamm, etwas Shampoo und warmem Wasser ausgewaschen werden.

Lange Haare unter dem Bauch, an den Ohrenrändern oder am Übergang vom Kopf zum Hals sollte man abschneiden, damit die Konturen des Fohlens besser zur Geltung kommen. Die Tasthaare dagegen – lange Haare um Maul und Augen – dürfen auf keinen Fall abgeschnitten werden!

Beim Waschen der Mähne ist darauf zu achten, daß kein Wasser in die Ohren und in die Augen gelangt.
Foto: Dirk Hourticolon

Vor einem Auftritt in der Öffentlichkeit wird der Schweif des Haflinger Pferdes gewaschen.
Foto: Dirk Hourticolon

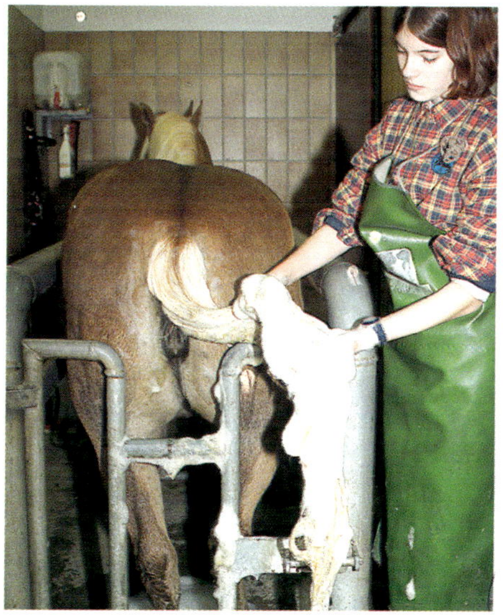

Gerade in den ersten Monaten verändern sich Fohlen ständig. Foto: Denise Senkhorst-Wulf

Weitere Fohlenschauen

Neben der Fohleneintragung gibt es in manchen Gegenden Haflinger Fohlenschauen. Hier laden Haflinger Vereine, Interessengemeinschaften oder private Personen die Züchter ein, in Wettkampf zu anderen Haflinger Züchtern zu treten und zu dem Fohlen die Beurteilung einer weiteren Jury zu hören.

Mancherorts werden auch Hengstnachzuchtsammlungen zusammengestellt, wo mehrere Fohlen eines Hengstes zusammenkommen, um so einen Eindruck von der Vererberqualität des Vatertieres zu gewinnen.

Die Teilnahme an solchen Ausstellungen ist freiwillig. Zwar ist es recht aufwendig, Fohlen und Mutterstute vorzubereiten, nur um bestenfalls eine Siegerschärpe oder einen Ehrenpreis mit nach Hause zu nehmen, aber gerade für Zuchteinsteiger bieten diese Veranstaltungen eine gute Gelegenheit, das eigene Fohlen im Vergleich zu anderen zu sehen und einen objektiven Eindruck von seiner Qualität zu gewinnen. Außerdem erzielen Fohlen mit guten Plazierungen auf Fohlenschauen und der Prämierung durch den Zuchtverband meist bessere Verkaufspreise.

Allerdings darf man die Rangierungen auf solchen Schauen nicht überbewerten, stellen sie doch nur eine Momentaufnahme dar. Gerade in den ersten Lebensmonaten verändern Haflingerfohlen sich ständig: mal sind sie hinten höher, mal vorn, mal wirkt der Kopf zu groß, dann wieder genau richtig. Hinzu kommt, daß die Jury das Fohlen nur für wenige Minuten sieht. Wenn es ausgerechnet dann nur Flausen im Kopf hat oder viel müder als gewöhnlich neben der Mutter einhertrottet, können seine Wertnoten nicht so gut ausfallen. Der Besitzer aber kennt das Fohlen auch von seiner besten Seite, und mit ein bißchen Erfahrung weiß er die wahre Qualität seines Fohlens am besten einzuschätzen.

Bis hierher verläuft die „Haflinger Karriere" für Stut- und Hengstfohlen gleich. Nach dem Absetzen, der Trennung von der Mutterstute, sollten sie in ein Leben „in Freiheit" ohne allzu viel menschliche Einflußnahme entlassen werden und mit Gleichaltrigen in einer Jungstuten- oder Junghengstherde aufwachsen. So lernen sie am besten ein gesundes Sozialverhalten und sind später einfach im Umgang. Empfehlenswert ist es, sie gelegentlich für einige Tage wieder „an die Hand" zu nehmen, um kurz einige Ausbildungsschritte zu wiederholen oder fortzuführen wie beispielsweise das Aufhalftern, an der Hand gehen oder Verladen.

Der Weg der Haflinger Stute

Die nächste Pflichtveranstaltung für Haflinger Stuten ist erst die Eintragung der Dreijährigen beim Zuchtverband. Ehrgeizi-

Bei Zuchtschauen sollen Mähne und Schweif des Haflinger Pferdes in ihrer natürlichen Schönheit präsentiert werden. Die Schweifrübe wird niemals ausrasiert. Foto: Dirk Hourticolon

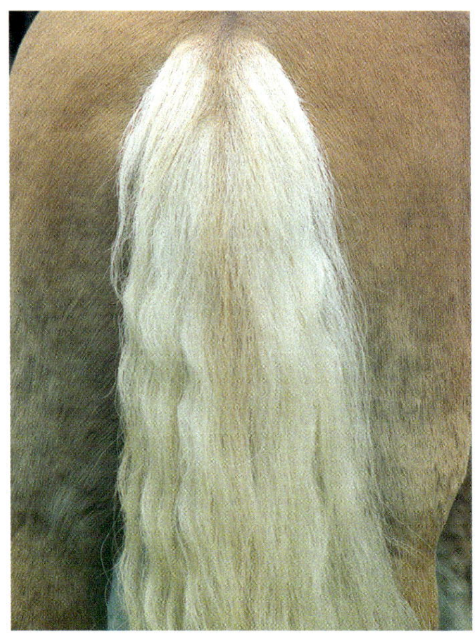

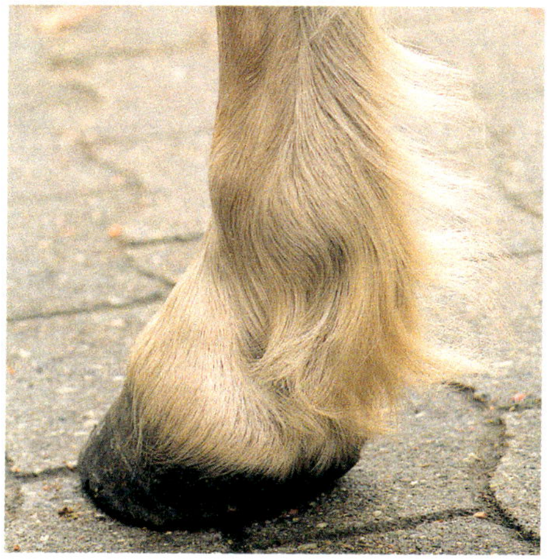

Unfrisiertes Vorderbein mit langen Fesselbehängen.
Foto: Dirk Hourticolon

ge Züchter besuchen auch Schauen, die für ein- und zweijährige Stuten offen sind. Wie für die Fohlen gilt jedoch auch für die noch im Wachstum befindlichen Jungstuten, daß jede Schau nur eine Momentaufnahme wiederspiegelt. Eine gut plazierte Jungstute wird nicht unweigerlich als Dreijährige mit einer Staatsprämie ausgezeichnet.

Gerade mit Jungstuten muß das Vorführen an der Hand intensiv geübt werden. In fremder Umgebung mit vielen fremden Pferden zusammenzukommen, ist völlig neu für sie. Dabei diszipliniert zu bleiben ist für die aufgeweckten, verspielten „Jugendlichen" eine hohe Anforderung.

Jungpferde unter drei Jahren werden normalerweise nicht mit Trense vorgeführt, sondern mit Halfter und Führkette oder gebißloser Arabertrense, so daß der Druck nicht auf das Maul, sondern auf den Nasenrücken oder den Kopf wirkt.

Die Eintragung beim Zuchtverband

Dreijährig muß die Haflinger Stute dem Zuchtverband zur Eintragung vorgestellt werden. Jetzt entscheidet sich, in welcher Zuchtklasse sie zukünftig beim Verband geführt wird. Die Staatsprämie gilt als die höchste Auszeichnung. Stuten, deren Abstammung nicht lückenlos bekannt ist, und

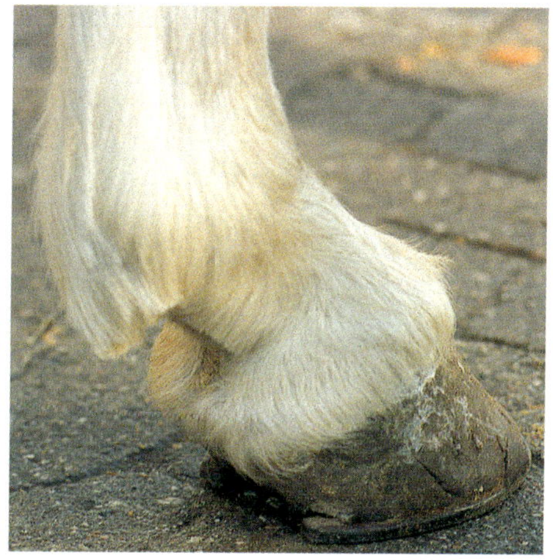

Am frisierten Bein sind die Konturen besser zu erkennen.
Foto: Dirk Hourticolon

solche, denen der Zuchtverband deutliche Qualitätsmängel attestiert, sollten tunlichst nicht in der Zucht eingesetzt werden, damit die Mängel nicht weiter vererbt werden. Stuten mit guten und sehr guten Beurteilungen können eher dazu beitragen, dem Zuchtziel des Haflingers näher zu kommen.

Selbstverständlich muß das Haflinger Pferd für dieses wichtige Ereignis strahlend sauber sein. Auch bei ihrer Eintragung werden die Mähnen der Haflinger Stuten nicht eingeflochten und der Schopf nicht gestutzt. Der Schweif wird gerade geschnitten und dabei möglichst lang gelassen. Die Schweifrübe wird nicht rasiert, nur glattgebürstet.

Damit die Richter das Bein besser beurteilen können, kann man die Fesselhaare bis auf einen kleinen Zopf abscheren. Dies erfolgt am besten schon einige Tage vor der Schau, denn frisch rasierte Stoppeln wirken rauh und unschön.

Rechtzeitig vorher beginnt man, die Vorstellung an der Hand im Stehen, Schritt und Trab zu üben. Auf diese Weise hat auch der Vorführer am großen Tag die nötige Kondition, um mit der Stute mitzuhalten. Bei fortschrittlichen Verbänden dürfen die Stuten sich auch im Freilaufen präsentieren. Auch das will geübt sein, damit die Stute auf Kommando antrabt, angaloppiert, kehrt, in eine langsamere Gangart zurückfällt und sich einfangen läßt. Auch auf das

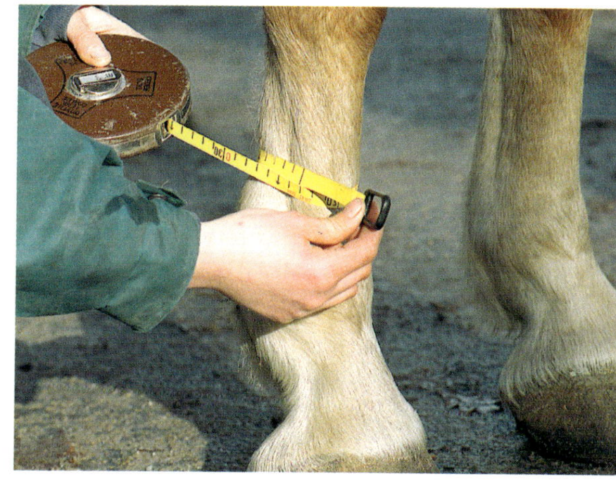

Man kann dem jungen Pferd die Prozeduren bei der Eintragung erleichtern, indem man schon zu Hause das Messen übt: die Röhre...
Foto: Dirk Hourticolon

... die Widerristhöhe. Foto: Dirk Hourticolon

Messen mit dem Stockmaß am Widerrist und mit einem Zentimetermaß an den Beinen kann man seinen Haflinger vorbereiten.

Der Vorführer erkundigt sich rechtzeitig nach der verbandsüblichen Vorführtracht, um nicht schon wegen einer Abweichung

Haflinger Hengst Liz. Südwind des Pony-Park Padenstedt. Foto: Ali Khandriche

von den üblichen Gepflogenheiten die Chance eines guten ersten Eindrucks aufs Spiel zu setzen.

Am Tage der Eintragung reist man rechtzeitig an, damit die dreijährige Stute sich von der Fahrt auf dem Anhänger erholen kann, sich allmählich an die Atmosphäre gewöhnt, und damit sie sich vor dem großen Auftritt warmlaufen kann.

Die Leistungsprüfung

Bei der Eintragung werden Rasse- und Geschlechtstyp, Körperbau und Bewegungen beurteilt. Mindestens gleich wichtig ist gerade bei so vielseitig im Freizeitsport von jung und alt eingesetzten Pferden wie den Haflingern der Charakter.

Um die Umgänglichkeit, Lern- und Leistungsbereitschaft von Haflingern zu ermitteln, gibt es Leistungsprüfungen. Man unterscheidet Feldprüfungen, die nur einen Tag dauern, und Stationsprüfungen über mindestens zwei Wochen.

Die Feldprüfung hat den Vorteil, daß der Besitzer sein Pferd überwiegend selbst vorbereitet und reitet. Außerdem ist sie natürlich billiger als ein Stationstest. Da sie aber nur einen Tag dauert, sind die Ergebnisse stark von der Tagesform der Stute abhängig.

Bei der Stationsprüfung übergibt man sein Pferd für eine längere Zeit in professionelle Hände, die es trainieren und beobachten und für die Abschlußprüfung vorbereiten. Die Ergebnisse sind weniger tagesformabhängig und deshalb aussagekräftiger.

Eintragung und Leistungsprüfung absolviert die Haflinger Stute in der Regel dreijährig. Bei Leistungsprüfungen erhalten ältere und damit erfahrenere Stuten gar einen Punktabzug, um die Chancengleichheit im Vergleich zu frisch eingerittenen Stuten zu wahren.

Möchte man aus einer älteren Stute, die bisher nicht bei einem Zuchtverband eingetragenen wurde, ein Fohlen ziehen, so kann die Stute dem Zuchtverband nachträglich, beispielsweise bei der Eintragung ihres Fohlens, vorgestellt werden.

Stuten aller Altersklassen bis ins hohe Alter können auf zahlreichen Verbands- und Vereinsschauen, überregionalen, bundesweiten, europaweiten oder sogar Welt-Haflingerschauen vorgestellt werden. Dabei verschafft sich der Züchter einen Überblick über ihre bisherige Entwicklung und Zuchttauglichkeit im Vergleich zu anderen, gleichaltrigen Haflinger Stuten.

Familien im Blickpunkt

Ein besonderer Programmpunkt bei solchen Veranstaltungen sind die Familienwettbewerbe. Dabei werden mindestens drei erwachsene Stuten zusammen ausgestellt, beispielsweise eine Mutter mit zwei Töchtern, Großmutter-Mutter-Tochter oder drei Töchter einer Mutter.

Hier eine gute Plazierung zu erreichen ist für jeden Züchter eine wertvolle Bestätigung seiner Arbeit, seines züchterischen Könnens und Weitblicks.

Der Werdegang des männlichen Haflingers

Nur ein kleiner Teil der Haflinger Hengstfohlen wird später zu Haflinger Deckhengsten. Die meisten werden im Alter von ein bis drei Jahren kastriert und als Wallache in allen Sparten des Freizeitsports eingesetzt.

Diese Entscheidung fällt entweder der Züchter schon für das junge Fohlen, wobei die Ergebnisse der Zuchtverbands-Eintragungen und der Fohlenschauen zusätzlich zur eigenen Beurteilung einen weiteren

Hinweis auf die Eignung des Fohlens geben. Oder man stellt den Junghengst im Alter von ein oder zwei Jahren erneut der Verbandskommission vor, die dann eine Empfehlung für die weitere Verwendung gibt.

Erfüllt der Youngster die Qualitätsansprüche für einen Deckhengst, so wird er zwei- oder dreijährig zur Körung vorgestellt. Laien holen sich dazu am besten den Rat von Profis. Wird dem Haflinger Hengst hier die Deckerlaubnis ausgesprochen, so muß er im Alter von drei oder vier Jahren eine Leistungsprüfung ablegen.

Ausbildung der Jungpferde

Haflinger sind Familienpferde und daher von den ersten Lebenstagen ab an den Kontakt zu Menschen gewöhnt. Ein gesundes Urvertrauen, Ruhe und Unerschütterlichkeit sind ihnen in die Wiege gelegt. Haben sie dann noch im Herdenverband gelernt sich unterzuordnen, ist die Ausbildung zum Reit- und Fahrpferd im allgemeinen kein Problem.

Im Idealfall beschäftigt sich die „Haflinger-Familie“ von Anfang an mit ihrem Pferd und erzieht es langsam zu einem folgsamen, unerschrockenen, leistungsfreudigen Pferd. Schon dem Fohlen kann man beibringen, die Hufe zu geben oder sich korrekt führen zu lassen. Man kann mit ihm spazieren gehen, um es an alles Fremde zu gewöhnen, zunächst mit, später ohne Mutterstute.

Liz. Wirbelwind, Original Tiroler Haflinger Hengst des Pony-Park Padenstedt. Foto: Peter Prohn

Unerschütterliches Vertrauen

Wenn das Jungpferd Vertrauen zum Menschen hat und weiß, daß es keine Angst zu haben braucht vor allem Neuen, das der Mensch ihm zeigt, wird auch das erste Satteln, Aufsitzen oder Anspannen kein Problem sein. Selbst wenn während der Ausbildung einmal etwas Unvorhergesehenes geschieht, faßt der Haflinger ausgesprochen schnell wieder Vertrauen.Gerade während der Ausbildung wird man feststellen, daß Haflinger zu sagenhaften Wandlungen fähig sind.

Reagiert der Haflinger anfangs ängstlich und unsicher auf die klappernden Geräusche der Kutsche hinter ihm, zieht er nach kurzer Zeit freudig an, wenn er die Anforderung erst kennt und verstanden hat, daß ihm nichts geschieht. Heute noch schreckt der Haflinger vehement davor zurück, auch nur einen Huf auf eine Plane zu stellen, und morgen schon steht er freiwillig voller Stolz mit allen Vieren mitten auf der raschelnden Plane und schaut gelassen um sich.

Dabei vollzieht sich dieser Wandel so überraschend schnell, daß selbst erfahrene Haflingerfreunde immer wieder ins Staunen geraten. Die angeborene Neugierde kommt dem Haflinger dabei sehr zugute. Und was er einmal unter verständnisvoller und kon-

Haflinger sind Familienpferde, die, wenn sie in engem Kontakt zur Familie aufwachsen, nur selten Schwierigkeiten in der Ausbildung machen.. Foto: Susanne Feddersen

sequenter Anleitung gelernt hat, sitzt felsenfest und wird nicht mehr vergessen. Kein Wunder also, daß die Lern- und Leistungsbereitschaft des Haflingers als sprichwörtlich gilt.

Von Kritikern hört man bisweilen den Vorwurf, der Haflinger sei stur. Das ist nicht ganz richtig. Es stimmt wohl, daß der Haflinger einen starken Willen hat. Wenn er sich vor etwas fürchtet, Schmerzen hat oder aus einem anderen Grund das von ihm Verlangte nicht ausführen kann, ist es wohl auch sein Recht, sich zu verweigern. Dies ist als Zeichen seiner Intelligenz zu werten, und der Mensch ist gefragt herauszufinden, wo das Problem liegt, und Abhilfe zu schaffen.

Grundlos verweigert sich der Haflinger eigentlich nicht. Viele Vertreter dieser intelligenten Rasse testen jedoch gern die Konsequenz „ihres Menschen". Besteht der Mensch nämlich nicht wirklich auf seiner Forderung an den Haflinger, sondern gibt irgendwann klein bei, „weil der Hafi ja doch nicht will", so muß man sich nicht wundern, wenn der Haflinger bei der nächsten Gelegenheit wieder versucht, so bequem davonzukommen. Schnell gilt er als ungehorsam und verdorben, nur weil er schlecht erzogen wurde.

Gute Erziehung setzt voraus, daß zunächst einmal der Mensch weiß, was er will, und sich nicht ständig von seinem Haflinger umstimmen läßt. Mit der so aufgebrachten Konsequenz wird man zu einem verläßlichen Partner, dem der Haflinger gern folgt.

Foto: Denise Senkhorst-Wulf

Heitere 10-Punkte-Checkliste für die Eignung als Haflingerbesitzer

Haflinger Fohlen sind neugierig, mutig und lebensfroh. Foto: Denise Senkhorst-Wulf

1.
Sie waschen für Ihr Leben gern Mähnen und Schweife, bis sie schneeweiß im Winde wehen, und gehen unverdrossen erneut ans Werk, wenn der Haflinger gleich darauf nichts Besseres zu tun hat, als sich im grauen Sand zu wälzen?

2.
Es macht Ihnen nichts aus, immer wieder Ihrem ausgebüxten Haflinger nachzujagen und zerstörte Zäune zu reparieren?

3.
Es stört Sie nicht, Ihrem Pferd alles dreimal sagen zu müssen, weil es immer erst zweimal hartnäckig protestiert, bevor es überzeugt ist, daß es wirklich das tun muß, was Sie ihm schon von Anfang an gesagt haben?

4.
Sie haben unendlich viel Gras auf den Weiden und kaufen unheimlich gern Möhren, Lekkerli und Zusatzfuttermittel, um den unersättlichen Appetit Ihres Haflingers zu stillen, und sind gleichzeitig bereit, einen Großteil Ihrer Zeit darauf zu verwenden zu verhindern, daß der Haflinger zu dick und dadurch krank wird?

5.
Sie finden das Abreiten diffiziler gedachter Figuren auf einem begrenzten Platz (auch Dressurarbeit genannt) auf die Dauer genauso eintönig wie Ihr Pferd und sehen den Sinn der Reiterei auch eher darin, von A nach B zu gelangen (auch Ausreiten genannt)?

6.
Sie haben genug Ideenreichtum, Paddock und Stall auch für das cleverste Pferd so ausbruchsicher wie Fort Knox zu gestalten?

7.
Ihre Kinder haben genug Durchsetzungsvermögen, den Hafi auch im Gelände an Grashalmen vorbei zu bewegen?

8.
Die gelegentliche Sturheit Ihres Pferdes empfinden Sie nicht als lästig, sondern als Herausforderung an Ihre Persönlichkeit?

9.
Sie schaffen es, Ihr Pferd in einem Moment schimpfend in seine Grenzen zu weisen und sich im nächsten Moment schon wieder mit Streicheleinheiten mit ihm zu versöhnen?

10.
Sie stehen auch dann noch bedingungslos zu ihrem Haflinger, wenn Sie zum hundertsten Mal gefragt werden, wann Sie sich endlich ein „richtiges" Pferd kaufen?

Nun, dann gibt es kein geeigneteres Pferd für Sie als einen Haflinger und Sie werden gewiß spielend einen echten Freund fürs Leben finden, mit dem es niemals langweilig wird!

Haflinger Schaubilder sind fester Bestandteil jeder Haflinger Veranstaltung, hier Bettina Winkler mit einem Pußtafünfer. Foto: Denise Senkhorst-Wulf

Veranstaltungstips für Haflingerfreunde

Wer sich für Haflinger interessiert, möchte gelegentlich auch über den eigenen Tellerrand hinaussehen: Was unternehmen andere mit ihren Haflingern? Welche Möglichkeiten und Neuerungen gibt es, die auch für mich nützlich sind? Wo kann ich nette Haflingerfreunde treffen?

Auf **regionaler Ebene** ist gut beraten, wer Mitglied bei einem Haflingerverein ist. Gut organisierte Haflingervereine publizieren regelmäßig zumindest die vereinseigenen Veranstaltungstermine oder sogar alle Termine in erreichbarer Nähe, die für die Mitglieder von Interesse sein könnten. Das können Ausritte, Rallyes, Kurse, Zuchtschauen, gemütliche Klönabende, Vortragsveranstaltungen, Seminare und vieles mehr sein.

Über die **Zuchtveranstaltungen** wie Körungen, Fohlen- und Stuteneintragungen, Eliteschauen und Leistungsprüfungen informieren die Terminlisten der regionalen Zuchtverbände.

Die im Anhang genannten Haflinger **Zeitschriften** kündigen zusätzlich alle

Festumzug in Meran/Südtirol. Foto: Denise Senkhorst-Wulf

Aufmarsch für einen Haflingerumzug im Reitstadion Meran. Foto: Denise Senkhorst-Wulf

überregionalen Veranstaltungen wie Turniere, Auktionen, Zuchtschauen sowie Veranstaltungen im Ausland an.

Norbert Briesemeister von der Haflingerzucht Ummanz auf Rügen mit einem Kremserwagen, dem Ausflugwagen in dieser Region. Foto: Denise Senkhorst-Wulf

Für ein Praxisbuch wie dieses ist es ein Muß, diejenigen Veranstaltgungsorte beim Namen zu nennen, die in der Haflingerszene eine gewisse Bekanntheit erreicht haben und mit den entsprechenden Veranstaltungen verbunden werden. Eine solche Aufzählung ist natürlich äußerst problematisch, denn aus Platzgründen kann sie niemals vollständig sein. Veranstaltungen von überregionaler Bedeutung finden in einer gewissen Regelmäßigkeit an folgenden Orten statt:
Aachen (Körung im Herbst und überregionale Schauen),
Alsfeld/Hessen (Körung im Herbst und überregionale Schauen),
Beedenbostel/Niedersachsen (Jungpferdeschau im Sommer),
Ebbs/Nordtirol (Weltausstellung alle fünf Jahre im Mai, auch im Jahre 2000; Stutfohlenauktion im September; Hengstkörung im Februar),
Luxemburg (Europaschau/Reinzucht),
Meran/Südtirol (Körung und Auktion im Herbst),
Miesbach/Bayern (Fohlen-Aukionen im Herbst),
München (Körung im Frühjahr und im Herbst, Eliteschau),
Münster-Handorf (Handorfer Haflinger-Tage mit Körung und Eliteschau im September),
Neumünster (Körung im Februar),
Padenstedt/Schleswig-Holstein (Internationale Haflingerschau alle zwei bis vier Jahre; Eliteschau im Juli; Hengstschau im Frühjahr, Fohlenschauen Pfingstmontag und im Juli; Haflinger-Turnier im Sommer).

Weitere Höhepunkte im Haflinger-Jahr stellen auch die Abschlußprüfungen der Leistungsprüfungen für Hengste in Münster, München und Moritzburg dar.

Haflinger Organisationen, Vereine und „Vereinchen“

Die Dachorganisation für viele auf Reinzucht bedachte Haflinger Züchter und Halter - auch außerhalb Europas - ist die Welt-Haflinger-Vereinigung (WHV), Fohlenhof, A-6341 Ebbs.

Sie wurde 1975 von dem als „Haflingerpapst“ geltenden Ökonomierat Otto Schweisgut gegründet. Deutschland gehört der WHV (noch?) nicht an, einige ehrgeizige deutsche Züchter halten jedoch engen Kontakt zu ihr.

Die bekannteste Veranstaltung der Welt-Haflinger-Vereinigung ist die seit 1990 alle fünf Jahre im Mai auf dem Fohlenhof in Ebbs/Tirol, Nähe Kufstein, stattfindende Haflinger Weltausstellung. Auch namhafte deutsche Züchter beteiligen sich regelmäßig mit bisher guten Erfolgen daran.

Deutschlands Pferdezüchter und -halter sind in der Deutschen Reiterlichen Vereinigung (FN), Freiherr-von-Langen-Str. 13, 48251 Warendorf, „zu Hause“.

In den nachfolgend aufgeführten regionalen Untergliederungen, den sogenannten Pferdestammbüchern oder Pferdezuchtverbänden, werden unter anderem die Zuchtbücher geführt und die Pferdepässe (die sogenannten „Papiere“) ausgestellt.

Die Zuchtleiter der Verbände sind für die Beratung der Züchter zuständig und wirken somit zuchtverbessernd auf die gesamte Population in der betreffenden Region ein.

Baden-Württemberg
Pferdezuchtverband Baden-Württemberg e.V.
Heinrich-Baumann-Str. 1-3
70190 Stuttgart
Tel. 07 11/1 66 55 0
Fax 07 11/1 66 55 20

Bayern
Landespferdezuchtverband
Bayerischer Pferdezüchter e.V.
Landshamer Str. 11
81928 München
Tel. 0 89/92 69 67 13
Fax 0 89/90 74 05

Berlin-Brandenburg
Landespferdezuchtverband
Berlin-Brandenburg e.V.
Hauptgestüt 10
16845 Neustadt-Dosse
Tel. 03 39 70/1 32 01
Fax 03 39 70/1 39 49

Hannover
Verband der Pony- und
Kleinpferdezüchter Hannover e.V.
Johannssenstr. 10
30159 Hannover
Tel. 0511/32 04 10
Fax 0511/32 57 59

Hessen
Verband Hessischer Pferdezüchter e.V.
Pferdezentrum Alsfeld
An der Hessenhalle 5
36304 Alsfeld
Tel. 0 66 31/7 20 11
Fax 0 66 31/7 20 16

Verband der Ponyzüchter Hessen e.V.
Rheinstraße 91
64295 Darmstadt
Tel. 0 61 51/89 39 55
Fax 0 61 51/89 38 97

Mecklenburg-Vorpommern
Verband der Pferdezüchter Mecklenburg-Vorpommern e.V.
Speicherstraße 11
18273 Güstrow
Tel. 0 38 43/68 60 33
Fax 0 38 43/68 52 30

Sachsen
Pferdezuchtverband Sachsen e.V.
Winterbergstraße 98
01237 Dresden
Tel. 03 51/2 56 10 01
Fax 03 51/2 54 90 63

Thüringen
Verband Thüringer Pferdezüchter e.V.
Lisztstraße 4
99423 Weimar
Tel. 0 36 43/24 88 0
Fax 0 36 43/24 88 15

Rheinland
Rheinisches Pferdestammbuch e.V.
Endenicher Allee 60
53115 Bonn
Tel. 02 28/70 32 82
Fax 02 28/65 77 70

Sachsen-Anhalt
Pferdezuchtverband Sachsen-Anhalt e.V.
Frommhagenstraße 16
39576 Stendal
Tel. & Fax 0 39 31/21 28 59

Weser-Ems
Pferdestammbuch Weser-Ems e.V.
Mars-la-Tour-Straße 6
26121 Oldenburg
Tel. 04 41/8 25 82
Fax 04 41/8 31 63

Rheinland-Pfalz/Saar
Pferdezuchtverband
Rheinland-Pfalz/Saar e.V.
Pferdezentrum
67816 Standenbühl
Tel. 0 63 57/8 97
Fax 0 63 57/15 01

Schleswig-Holstein
Pferdestammbuch
Schleswig-Holstein/Hamburg e.V.
Steenbeker Weg 151
24106 Kiel
Tel. 04 31/33 17 76
Fax 04 31/33 61 42

Westfalen
Westfälisches Pferdestammbuch e.V.
Sudmühlenstraße 33
48157 Münster-Handorf
Tel. 02 51/3 28 09 0
Fax 02 51/3 28 09 24

Sind diese Verbände zumeist für alle Kleinpferde- und Spezialrassen zuständig, so gibt es darüber hinaus in Deutschland recht viele spezielle Haflinger Organisationen. Sie nennen sich Züchter- oder Interessengemeinschaften, Freundeskreise, Sportvereine, Stammtische oder ähnlich. Die meisten von ihnen sind sogar in die Vereinsregister eingetragen (e.V.). Die Anschriften der jeweiligen Vorsitzenden oder Ansprechpartner kann man bei den Zuchtverbänden erfragen. Die zur Zeit wohl mitgliederstärksten Zusammenschlüsse dieser Art sind der Westfälische Haflingerverein e.V. und der Haflinger Freundeskreis Schleswig-Holstein und Hamburg e.V.

Als züchterische und gesellschaftliche „Anlaufpunkte" haben sich einige größere und bedeutende Haflinger Gestüte erwiesen. Die bekanntesten sind wohl (ohne Anspruch auf Vollständigkeit):

· das Haflinger Gestüt Meura (98744), Thüringen. Dieses ehemalige DDR-Gut wurde nach marktwirtschaftlichen Gesichtspunkten umstrukturiert und befindet sich jetzt im Besitz seines früheren Direktors Dr. Sendig. Über 1000 Haflinger Stuten aus allen Regionen Deutschlands wurden hier in den letzten Jahren leistungsgeprüft.

· der Pony-Park Padenstedt (24634), Schleswig-Holstein. Wolfgang Kreikenbohms Gestüt gilt bei vielen objektiven Kennern der Haflinger Szene als einmalig in Deutschland, insbesondere wegen der Vielzahl der original Tiroler Deckhengste unterschiedlicher Blutlinien, der gepflegten infrastrukturellen Ausstattung und der europaweit zugelassenen Haflinger Besamungsstation.

· der Haflingerhof Karlsbad (76307), Baden-Württemberg. Das Gestüt der Familie Volker Herrmann konzentriert sich vor allem auf die Zucht und Aufzucht hervorragender Hengste zumeist Tiroler Abstammung. Als Deckstation wird dieser Hof von Züchtern aus ganz Europa frequentiert.

· der Kiefferhof, 53809 Ruppichterroth /Rheinland. Im Gestüt von Gerhard Kieffer wird mit großem Idealismus hervorragende züchterische Arbeit geleistet. Es genießt bis hin zu amerikanischen Züchterkreisen ein hohes Ansehen.

Langjährige erfolgreiche Haflinger Züchter sind nicht nur ausgezeichnete „Kenner der Szene", sondern können auch zu allen Themen rund um das Haflinger Pferd wertvolle Ratschläge geben oder auf geeignete Ansprechpartner verweisen.

Deshalb folgt hier – ebenfalls ohne Anspruch auf Vollständigkeit – eine Auflistung mir bekannter Haflinger Züchter von überregionaler Bedeutung aus allen Gegenden Deutschlands, die kompetente Auskunft geben können:

Fam. Reimer, 18195 Tessin;
Bernd Kahl, 18230 Biendorf;
Willi Krug, 19412 Brüel;
Fam. Seraphin, 23823 Dorf Berlin;
Inge und Hansjürgen Engel, 24354 Rieseby;
Heinz Bahr-Jochimsen, 24848 Klein-Bennebek;
Klaus-Peter Bühring, 25468 Alveslohe;
Horst Buche, 29229 Celle;
Harry Schaupp, 29614 Soltau;
Karl-Friedrich Mählmann, 32351 Stemwede;
Ulrich Boeker, 32545 Bad Oeynhausen;
Waldemar Kuhlmann, 33334 Gütersloh;
Wolfgang Berenbrinker, 33758 Schloß Holte;
Wilhelm Lörcher, 38304 Wolfenbüttel;
Horst Fritz, 35321 Laubach;
Ulrike und Winfried Buurman-Paul, 35753 Griefenstein;
Hermann-Josef Schneider, 41541 Dormagen-Zons;
Bernhard Gockel, 41564 Kaarst;
Helmut und Holger Heym, 42279 Wuppertal;
Felix Borchers, 46325 Borken;
Albert Bernhard, 47447 Moers;
Bernhard Schulze zur Hörst, 48231 Warendorf;
Hans Kronemeyer, 48531 Nordhorn;
Feldmann/Schröer, 49509 Recke-Obersteinbeck;
Horst und Adolf Widdig, 53332 Bornheim;
Bruno Kremp, 53773 Hennef;
Karl-Heinrich Krämer, 57319 Bad Berleburg;
Carsten Riemer, 58332 Schwelm;
Paul-Gerhard Kalthoff, 58091 Hagen;
Egbert Bistinghoff, 59368 Werne;
Sabrina und Horst Mach, 61130 Nidderau;
Kurt Antes, 68309 Mannheim;
Alexander Weiß, 75334 Straubenhardt;
Hans Demleitner, 82431 Kochel am See;
Josef Hacklinger, 83080 Niederaudorf;
Hans Schiller, 83101 Rohrdorf;
Hubert Neudecker, 83544 Albaching;
Helmut Quercher, 83703 Gmund;
Josef Estendorfer, 85662 Hohenbrunn;
Karl Stadler, 86473 Ziemetshausen;
Siegfried Babel, 87477 Sulzberg;
Lorenz Müller, 87538 Obermeiselstein;
Willi Zimmermann, 87538 Fischen;
Engelbert Linder, 87672 Rosshaupten;
Luisa und Dr. Jürgen Krause, 88451 Dettingen/Iller;
Fam. Nonn, 99974 Dachrieden.

Kontaktadressen

Ansprechpartner im Bereich Zucht und Sport:
Deutsche Reiterliche Vereinigung e.V. (FN)
Hauptverband für Zucht und Prüfung deutscher Pferde
Freiherr-von-Langen-Str. 13
48231 Warendorf
Tel. 02581/6362-0

Ansprechpartner in allen Fragen zum Freitzeitreiten und -fahren:
VFD (Vereinigung der Freizeitreiter in Deutschland)
Bundesverband
Am Bauernwald 5b
81739 München
Tel. 089/90098050

Arbeitsgemeinschaft der Haflingerzüchter Deutschlands (AGH)
Ringstr. 20
82432 Walchensee
Tel. 08858/253

Österreich

Haflinger Pferdezuchtverband Tirol
Fohlenhof
A-6341 Ebbs
Tel. 05373/2210 oder 2585

Burgenländischer Pferdezuchtverband
Esterházystraße 15
A-7000 Eisenstadt
Tel. 02682/702-50 oder 66

Landespferdezuchtverband Kärnten
Museumsgasse 5
A-9010 Klagenfurt
Tel. 0463/54265

Verband Niederösterreichischer Pferdezüchter
Löwelstraße 16
A-1014 Wien
Tel. 0222/53441-747

Landesverband der Pferdezüchter Oberösterreichs
Auf der Gugl 3
A-4021 Linz
Tel. 0732/6902-331

Landespferdezuchtverband Salzburg
A-5751 Maishofen
Tel. 06542/68232

Landespferdezuchtverband Steiermark
Hamerlinggasse 3
A-8011 Graz
Tel. 0316/8050-219

Arbeitsgemeinschaft der Haflingerzüchter Österreichs
Frauengasse 19
A-8750 Judenburg
Tel. 03572/85585

Schweiz

Schweizerischer Haflinger Verband
c/o Verband Schweizerischer Pferdezuchtorganisationen
Les Longs Prés
Postfach 190
CH-1580 Avenches
Tel. 026/6766330

Italien

Südtiroler Haflinger Pferdezuchtverband
Hörtenbergstr. 1/B
I-39100 Bozen
Tel. 0471/1682

Bibliographie

Haflinger Pferde
Ursprung, Zucht und Haltung, weltweite Verbreitung
Otto Schweisgut
BLVMünchen, Wien, Zürich 1995

Original-Haflinger
Der Original-Haflinger und sein Ursprungszuchtgebiet Südtirol
Folio-Verlag, Wien, Bozen
Haflinger in Europa, Liebe ohne Grenzen
Winfried Paul
L.B. Ahnert-Verlag
Friedberg 1988

Westfalens Haflinger in Wort und Bild
Die züchterische Entwicklung von 1953 bis 1988
Dr. Heinz Heupel
Ravensberg-Verlag
Bünde 1989

Stammbuch der Haflinger-Pferderasse
Claudia Nocker (Hrsg.)
Folio-Verlag
Wien, Bozen 1996

Periodika

Haflinger Pferde
Internationale Fachzeitschrift
Herausgeber: Haflinger Pferdezuchtverband Tirol
Brixner Str. 1
Postfach 640
A - 6021 Innsbruck
erscheint vierteljährlich

Haflinger Magazin
Internationale Fachzeitschrift für Zucht und Sport
Kretzschmar Verlagsgesellschaft mbH
Hülsebrockstr. 101
D - 48165 Münster
erscheint zweimonatlich

Haflinger aktuell
Zeitschriftenverlag Ulrich Wulf
Berliner Str. 318
33334 Gütersloh
erscheint zweimonatlich

Bücher für Pferdefreunde

Angelika Schmelzer
Altes Reiterwissen - Neu entdeckt
Tips und Tricks aus vielen Jahrhunderten
ISBN 3-86127-510-4

Clarissa Busch
Springreiten - Leicht gemacht
In Harmonie mit dem Pferd zu Springerfolgen
ISBN 3-86127-511-2

Heike Groß
Wenn Pferde kochen könnten
Pferdeleckereien selbst gemacht
ISBN 3-86127-512-0

Birgit van Damsen
So werden Pferd und Reiter geländesicher
Training im Gelände und Straßenverkehr
ISBN 3-86127-506-6

Nikola Fersing
Geld- und Zeitspartips für Pferdeleute
Damit das Reiten erschwinglich bleibt
ISBN 3-86127-503-1

Angelika Schmelzer
Longieren - leicht gemacht
Übungen für sicheres gekonntes Longieren
ISBN 3-86127-507-4

Karin Drewes
Aufs Pferd gekommen I
Haltung und Pflege
ISBN 3-86127-508-2

Karin Drewes
Aufs Pferd gekommen II
Füttern, Training, Gesundheit
ISBN 3-86127-509-0

Silvia C. Hofmann
Western
Freizeitreiten im Westernstyle
ISBN 3-86127-502-3

Marie-Luise von der Sode
Der Gaul macht nicht mit
Von Problemen und Lösungen
ISBN 3-86127-505-8

Heike Groß
Alte und unreitbare Pferde
Pflegen, ernähren, beschäftigen
ISBN 3-86127-504-x

Angelika Schmelzer
Umgang mit Hengsten
Erziehung, Haltung, Zucht
ISBN 3-86127-501-5

Erika Bruhns
Mit Pferden spielen
Lernspiele für Pferde
ISBN 3-86127-513-9

CADMOS PFERDEBÜCHER

Erhältlich im Buch- und Reitsportfachhandel. • Prospekt anfordern bei:

Cadmos Verlag GmbH • Lüner Rennbahn 14 • D-21339 LüneburgTel. 04131-981666 • Fax 04131-981668